大是文化

急診室

葉子變黃、掉葉、病蟲害、換盆、修剪分

百年園藝老店繼承人的綠手指養護祕

プランツケア

荷蘭最大園藝學院Wellant College認證

日本百年歷史花材專賣店繼承人、著名園

川原伸晃 ◎著　方嘉鈴 ◎譯

臺灣首屆植物醫學碩士　**洪明毅**／推薦、審

目錄

第4章 不同植物的照護要領

推薦序

即使毫無經驗，只要照做，盆栽一樣能茁壯

臺灣首屆植物醫學碩士／洪明毅

現代人生活節奏快速，人們常常被辦公室的壓力和繁忙的工作所擾。所幸，透過植物，我們能卸下許多壓力，例如，在住家種植花花草草、在辦公室放多肉、觀葉植物，都能舒緩心情。

這些植物忠實、無聲的長伴人們左右，可謂生活中最重要的「伴侶」了。

然而，這些重要的「伴侶」，卻常因我們疏於照顧，抑或不理解，導致健康每況愈

下，甚至走向死亡，令人心疼。而《盆栽急診室》就是告訴讀者，如何掌握正確的照顧方式，以避免這些損失。

對於希望在辦公室，或家中種植室內植物的人們來說，本書是實用的指南。作者結合他豐富的實務經驗、科學知識，以及對生態的深刻理解，創造出實用的日常養護技巧，尤其對植物照顧完全沒有經驗的「黑手指」，書中提供關於土壤、光照、水分管理等方面的實用建議，讓照顧者可以輕鬆的在辦公室或家中妥善養護植物，讓它們茁壯。

除了實用性之外，透過精美插畫設計以及實物攝影，將繁雜的科學理論化繁為簡，成為生動易讀的文字，更將複雜的操作具象化與圖像化，讓人一目瞭然。而各章節穿插的漫畫，更為讀者增添了許多閱讀樂趣。

筆者認為《盆栽急診室》不僅是一本植物養護的指南，更是一本關於生活態度的書籍。特別是作者提到的「照護植物的基本知識，是以人為標準」概念，換句話說，人透過自身的理解，學習如何與植物建立良好的關係，如此，我們才能更好的與植物，甚至是自然和諧相處，從而豐富生命，過上更有意義的生活。筆者身為植物醫生，每天與植物相處，更能體會此種「動物與植物」之間的生物連結。

即使毫無經驗，只要照做，盆栽一樣能茁壯

不論是在辦公室、家中養盆栽的人，還是庭園種植的園藝人們，我要向你們推薦這本不可多得的好書。

洪明毅

序言

養護正確，你也能當綠手指

只要用正確的方式養護（Care）觀葉植物（一般指葉形、葉色美麗，可作為觀賞的植物，原生於高溫多溼的熱帶雨林中，需光量較少。又分為草本和木本兩種），它們會比人類更長壽。

在植物世界裡，本來就沒有年紀或壽命等概念，世界上存在許多活了數百年甚至數千年的植物。也就是說，只要善加照顧，它們就能永續生長。舉例來說，某些庭院裡的景觀盆栽，往往比照顧者更長壽，甚至還能代代相傳、直到後世。

自從我在二〇〇五年開設觀葉植物專門店「REN」以來，經常收到各式各樣的養護問題，例如：

「這是我第一次種盆栽，不知道該怎麼開始。」

「我買的植物好像沒什麼精神。」

「我是黑手指，什麼都養不活……。」

從這些問題當中，我發現許多人對觀葉植物都有著「壽命有限，只能存活幾年」的刻板印象。老實說我並不意外，畢竟一般人從花市或園藝店買回來的觀葉植物，多半都種在簡單的塑膠盆裡。如果就這樣一直養在塑膠盆中，不改善其生長環境，它們幾乎無法健康生長。

最大的關鍵因素，就是土壤。

因為大部分塑膠盆裡使用的土壤，幾乎都不含「腐植質」（humus，含有多種可改善土壤健康的養分，其中最重要的是氮），而腐植質比例的多寡，是土壤養分肥沃與否的重要指標之一，如果土壤貧瘠，植物當然無法展現出原有的生命力，進而導致許多人

認為「它活不久」，究其原因，其實是生長環境造成的。

種植一陣子後，大家又會出現新的困惑與不安：

「最近一直掉葉子，不知道發生什麼問題？」

「植物越長越大，是不是要換盆？」

「為什麼養在某些特定地方，就容易枯萎？」

環顧整個園藝或植栽業界，許多店家都是銷售專家，卻很少能提供專業服務，也無法解答消費者們諸如上列的種種疑問。如果用寵物產業來比喻，就是市面上有許多寵物專賣店，卻沒有一家寵物醫院，這樣的產業型態十分扭曲。

但這種狀況在植栽產業中，大家卻習以為常，導致消費者把植物當成消耗品，「一旦養不活，就扔掉換新的」，從來都不覺得要好好照護，讓它們能平安順利的生長。這是我對業界現況最感困惑的地方，也是我推出業界首創植物照護（Plants Care）服務的主要原因。希望能透過推廣，為所有想跟心愛植物一起長久生活的人，提供一些幫助。

序言

養護正確，你也能當綠手指

我家是擁有百年歷史的花材專賣店，自一九一九年創立後，就專攻花卉園藝領域，並在理論與實務中不斷成長茁壯。現在店裡不只提供插花所需的花材服務，更逐步擴展涉獵範圍，朝著植物專業的事業體邁進，而我是第四代繼承人。

因為家族事業與成長環境的關係，我從小就會撿店門口的落葉殘枝，來模仿大人插花，時常把店裡的植物當成玩伴，或聽資深領班分享關於園藝的故事趣聞，例如「世界上有樹齡高達千歲的橡膠樹盆栽」，就是從他那裡聽來的。

由於生活在充滿花草樹木的環境裡，**我可以說是接受關於植物的「精英教育」**，在十八歲時，更遠赴荷蘭向當地的花藝大師學藝，學習歐式的園藝風格，並且**在荷蘭最大的園藝學院 Wellant College 取得 European Floristry 國際認證**。回到日本後，前往各地向業界前輩學習各種專業技術與知識。

因此，我可以自信的說，不論古今中外，只要與花卉園藝有關的知識，從傳統插花、景觀盆栽，甚至是時下的婚禮捧花等，我都略知一二，可以分享這些知識。

二〇〇四年，我在園藝相關領域的進修與研習告一段落，父親便出了一道課題：「在接手家業前，請先為家裡開創一些新的事業吧！」

家業在父親手上有不錯的發展。他靠著敏銳的市場嗅覺，在飯店婚宴業務剛起步的階段，就開發婚禮花卉領域並經營。他同時也是相關產業中，最早涉足網路購物與經營部落格自媒體的業者。他忽然丟出這麼巨大的經營課題，委實讓我不知所措，畢竟我雖然有扎實的理論訓練基礎，卻缺乏商業實務與社會經驗。

為了完成課題，我開始回顧家業理念和意義。從創辦人川原太郎傳承下來的企業理念，是「適性生長」（活ける）。連結家族事業插花（いけばな）的意象，引伸出來的含意，是「我們以插花及園藝花材專業經營起家」。從園藝的角度來解釋的話，插枝、栽種意味著「把植栽養護在盆器裡，並維持生命力（讓它適性生長）」，我會在後文進一步說明這個概念。

從這個概念出發，我開始思考，無法順利生長的植物是否可能成為新事業體。就如同插花的最原始概念，是讓其維持著適性生長狀態，這些我們在日式庭園或景觀盆栽裡，都已能實現，但觀葉植物顯然沒有受到一樣的對待。

約從二〇〇〇年開始，在住家、辦公室乃至於各種商業空間中，都能看見觀葉植物的身影，可以說，想塑造舒適的空間，這是一個不可或缺的元素。儘管觀葉植物對現代

人的生活來說，有著不可動搖的地位，但在我的眼中，它處在「未能適性生長」的狀態。

有了這個初步想法，經過大約一年的籌備，我開設了觀葉植物專門店 REN。

在日文中，REN 的發音與蓮相同，而蓮花在佛教中有輪迴轉生的隱喻，自古以來受到大眾的喜愛，所以我特別選用它當作品牌意象。

除此之外，有別於一般插花用的花材，觀葉植物有完整的植株、有吸收養分的根，本來就應要能適性生長，而我的新事業體使命，就是讓它們不論在哪裡都能永續、好好的活下來。

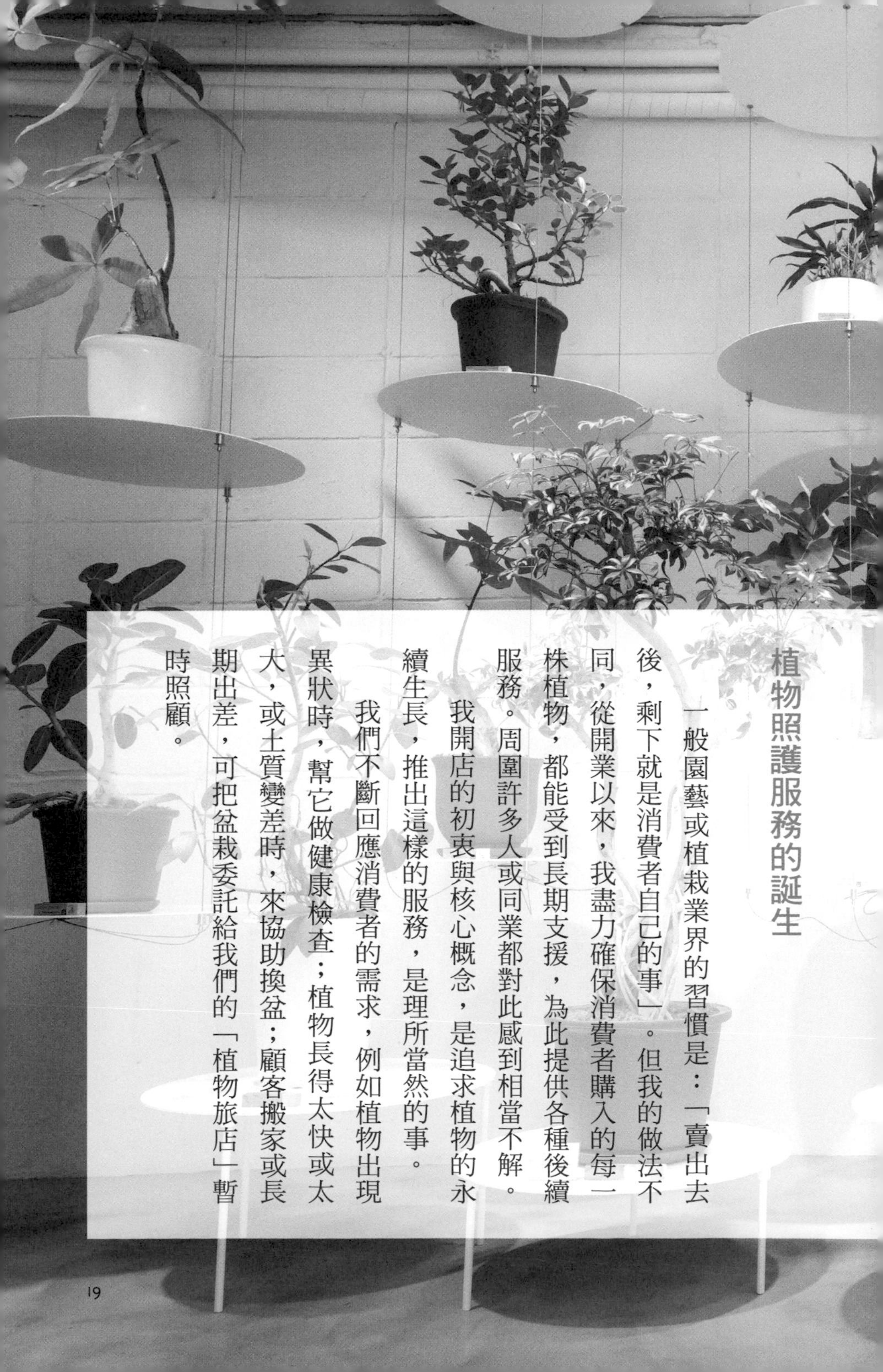

植物照護服務的誕生

一般園藝或植栽業界的習慣是：「賣出去後，剩下就是消費者自己的事」。但我的做法不同，從開業以來，我盡力確保消費者購入的每一株植物，都能受到長期支援，為此提供各種後續服務。周圍許多人或同業都對此感到相當不解。

我開店的初衷與核心概念，是追求植物的永續生長，推出這樣的服務，是理所當然的事。

我們不斷回應消費者的需求，例如植物出現異狀時，幫它做健康檢查；植物長得太快或太大，或土質變差時，來協助換盆；顧客搬家或長期出差，可把盆栽委託給我們的「植物旅店」暫時照顧。

在協助消費者的過程當中，我們累積更多知識與經驗，對於推出讓消費者安心照顧植物的服務也越來越純熟。尤其在那個還沒有智慧型手機與網路社群平臺的年代，我們必須活用各種現有的通訊方式，像是電話、郵件等，為消費者提供各種諮詢，甚至在必要時，會親自前往顧客住處確認植物狀況。

這些都是為了回應消費者生活方式與需求，而提供的相關配套措施，當時我並沒有為這些服務命名。

隨著時代演進、智慧型手機普及，包括 LINE 等通訊 App 越來越普及，消費者使用植物健檢與諮詢服務的門檻大幅降低，隨時都可以拍照、傳訊，甚至線上通話。這讓我們的服務逐漸受到關注，使用人數急遽上升。此外，使用過植物照護服務的消費者口耳相傳，也讓我們被許多媒體報導介紹。

我們的顧客與日遽增，讓我開始覺得應該為這些服務取一個專屬的名字。當時曾想過包括「植物醫院」（Plants Hospital）、「植物醫生」（Plants Doctor）或「植物救援」（Plants Rescue）等各種名稱，但不論哪個，似乎都跟我真正想要傳達的概念有落差。就在這時，我偶然遇到了一本書。

PLANTS CARE
専門店ならではの充実のアフターサービスで
植物との快適な暮らしをサポートします
LINE相談
診断
保障
出張
植え替え
定額制
コーディネート
下取り
REN
GOOD DESIGN
東京都公安委員会許可
第301092005154号 道具商
古物商
東京生花株式会社

人類是少數會關心其他物種的生物

哲學家廣井良典在著作《Care學，跨越邊界的關心》（暫譯，臺灣未代理）中表示，比起其他動物，人類有更強烈的社會性，所以會本能的關心他人或其他物種。

但Care這個單字可以從許多層面來解釋：對人，可指包括醫療與護理等行為；對寵物，意思是照護（Pet Care）；對無生物則表示保養，例如鞋子保養（Shoe Care）等。從廣義的概念來看，Care可以解釋為「對人事物產生『想關心』的情感」。因此它所涉及的對象與範圍，並不僅限於人類，無論是生物或非生物，只要產生在意、被吸引或想予以關注……這些心情都是Care的起點。

在廣井良典的另一本著作《再論Care》（暫譯，臺灣未代理），介紹德國哲學家馬丁・海德格（Martin Heidegger）的學說。他是二十世紀最重要的哲學家之一，其著名的「存在主義」學說，首要探討的問題是：「人類存在的意義究竟是什麼？」就算是對哲學不感興趣的人，也多半都耳熟能詳。

廣井良典引述海德格的論點，表示：「因為有了關注（Care），才賦予世界存在

序言

養護正確，你也能當綠手指

的意義。」

這句話讓我想起幾年前，接受某家媒體採訪時的往事。該媒體派了一位記者與一名攝影師，我們一邊為採訪做準備，一邊閒聊。攝影師說：「那條坡道能看見許多漂亮的櫻花，沒想到櫻花這麼早就開了，真是令人驚訝！」

我在前幾天也注意到這件事，所以聽到攝影師提起這個話題時，忍不住回應：「這一帶種的是河津櫻，花期較早，是早櫻的代表品種之一。而且它們開花的顏色比染井吉野櫻（按：又名東京櫻花、日本櫻花，雜交種，是目前最廣泛種植於日本的櫻花，也是常見的園藝品種）更濃郁，就算只是初開，存在感也相當強烈！」

而記者在來的路上因迷路而不斷盯著手機導航，完全沒發現櫻花的存在，狐疑的問：「什麼？有櫻花？」

從這段對話中我們可以發現，初開的櫻花，因為攝影師的關注而產生存在意義，對攝影師來說，櫻花讓人感受到春意到來。但對記者而言，他基於不能遲到的責任感，注意力都在導航上，那條坡道除了可能讓他們遲到外，沒有其他意義，坡道兩旁的櫻花也彷彿都不存在了。

因為這件事，我忽然領悟「因為有了關注，才賦予世界存在的意義」的真正含意。整個世界並非一開始就具有什麼特別的意義，而是因為我們開始 Care，它才產生意義。如果我們對任何事都漠不關心，那麼，無論花朵綻放得多美麗，我們也會視而不見、聽而不聞，彷彿眼前一片空白。

從存在主義的觀點來說，這個世界就是不存在的。

順著該脈絡來看，「觀葉植物可塑造環境與空間的氛圍，讓生活變得有意義」，而它們需要我們用心 Care（關注、養護），人類又是少數會關心其他物種的生物。總結這些概念，我的解讀是：**人類透過關心觀葉植物，讓生活增添色彩、讓世界產生意義。**

就這樣，我被 Care 一詞所隱含的豐富概念深深吸引，於是在二〇一八年，將新事業體中「所有與植物相關的服務」正式命名為植物照護（Plants Care）。

植物有超越其他動物的智慧

我從十多歲開始，踏上園藝的修業之路，幾乎從早到晚都被植物圍繞著，學習如何照護及與其相處，轉眼過了二十多年，我對植物的理解與認識也越來越多。但越是深入理解，我對於它們的智慧也越感到訝異。

在近年的許多研究中，紛紛指出植物具備了超越動物的認知功能，它們不只擁有記憶，甚至還能「自主移動」。部分科學家表示，這些花草樹木擁有解決問題的智慧，不僅能彼此合作，還能與其他昆蟲或微生物「各取所需」，建構出豐富的環境生態。

對於植物的智慧，我深有所感。尤其人類世界越來越複雜、混亂，我們應好好向它們學習如何順應自然，藉此找到生存之道。了解植物有助於我們反思生命，關於這方面的體悟，我會收錄在這本書的幾篇筆記中，與大家分享我的植栽哲學。

接下來，本書會從延長觀葉植物壽命的基礎照護開始，然後進一步告訴大家如何把盆栽照顧得漂亮。雖然植物絕對不可能完全照書的生長，但**本書提到的每一種方法，都是百年園藝老店根據豐富的實務經驗**，統整並傳承下來，相信對大家一定會有所幫助，且能輕鬆實踐。

第1章

第一次養盆栽就上手

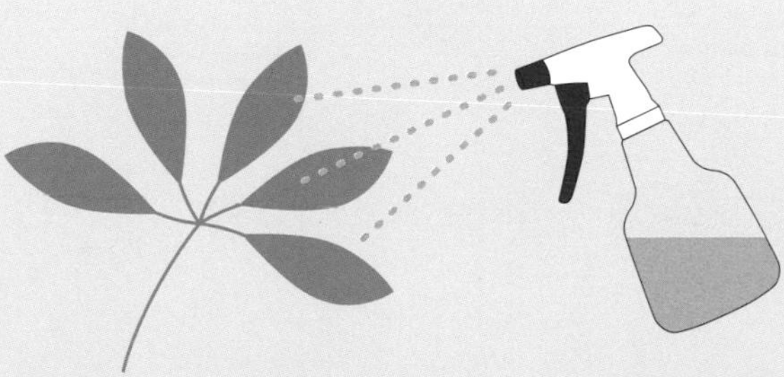

照護基本功，聽專家怎麼說

希望生活中有綠色植物陪伴，
我特別買了觀葉植物。
這是我第一次種植，但一定沒問題！
常澆水一定不會有錯！
ドパァッ
定期拿到戶外晒太陽，
カッ
準備好擺放位置

欸，
那株植物……
如果這樣照顧，會死掉喔！
咦？
是誰？
我是植物照護專家川原伸晃。
接下來，就由我來告訴你，養護植物的基本知識吧！

每個人對觀葉植物的想像，可能有很大的歧異。有人認為觀葉植物是榕樹或馬拉巴栗（按：又名發財樹、招財樹），而最近因為流行的關係，有人會把多肉植物或空氣鳳梨等，也看作觀葉植物。

園藝店也存在這樣的認知差異，不同店家各有各的說法，再加上網路各種不同資訊的說明與解釋，儘管大家對於觀葉植物一詞耳熟能詳，但在定義上最大的共識，就是「沒有共識」。

因此，本書決定先從定義開始介紹。

哪種植物最適合和你共同生活？

我們最重要的核心概念是養護植物，所以必須依照物種來調整做法，就像我們沒有辦法用同一種方式來照顧貓、狗、鳥類或爬蟲類等不同生物，同理，對種類繁多的觀葉植物，例如副熱帶植物（橡膠樹等）、熱帶植物（鳳梨科等）、多肉植物（仙人掌等）又或是附生植物（鹿角蕨等），也得加以分類，藉此找出最適合的照護方式，才能讓它們長得漂亮且長命百歲。

只要針對特性，讓植物在適合的環境中發揮原有生命力，不論是哪個品種，都有機會活得比人類還久。

對於觀葉植物，我採取狹義定義，就是單指副熱帶植物，以種類來說，包括橡膠樹、馬拉巴栗、榕樹、黃金葛、虎尾蘭及龜背芋等（第四章會詳細介紹）。

副熱帶是介於熱帶與溫帶之間的區域，此區的天氣夏季炎熱、冬季溫暖，全年氣溫約介於攝氏十至三十度（按：本書提到的溫度，皆為攝氏溫標）之間，具體大概像是沖繩或臺灣等地的天氣，夏天不像熱帶這麼熱、冬天也不像溫帶這麼冷。

但綜觀整個業界，大概只有我開的店把副熱帶植物作為觀葉植物的代表。這麼做主要是出於「讓消費者容易照護」的考量，我們甚至把副熱帶植物中的蕨類或附生植物等，也都排除在服務範圍外。這樣的經營方針，讓我們在業界顯得特立獨行。

在這種定義下，觀葉植物不需要在庭院或陽臺特地騰出空間，事實上，空間大小沒

有太大限制，無論住在公寓大廈或獨棟，就算單純放在室內，都能讓植物自然生長，且不論什麼年齡、性別的消費者，都能毫不費力的顧好它。

順帶一提，觀葉植物之所以叫做「觀葉」，是因為其主體在於枝葉外觀，相對於開花或結果等照顧需求，消費者不用具備專業知識與複雜的營養學管理，因此受到大眾歡迎，是最常見的居家園藝之一，更是最適合與人類一起生活的植物伴侶。

●罕見難顧、常見易照料，怎麼選擇？

我常聽有些消費者自嘲：「我連仙人掌都能養死。」但若具備一點相關專業知識，就能察覺這句話的矛盾之處：日本屬於溫帶氣候（按：臺灣屬副熱帶氣候），想照顧好仙人掌之類的熱帶多肉植物，完全不是一件容易的事。

我們先用動物來比喻，如果把毛茸茸的秋田犬，搬到中東地區的熱帶沙漠，照顧起來想必相當困難。同理，想把來自遙遠異國、不同氣候環境中的稀有植物品種，搬到其他地區來照顧，門檻本來就很高，所以想讓原本生長在熱帶乾燥地區的多肉植物，換個環境好好活下去，需要花費額外心力才能辦到。

照護的基礎是讓植物在接近原生的環境中生長，而在日本照顧「異國稀有品種的植物」卻成為一種流行，實在是種植愛好者的兩難。

越罕見的品種，通常來自越遙遠的異國，也許在原生國度俯拾即是的花草，遠渡重洋來到日本，就成為待價而沽的珍品。

儘管近年越來越多人想養珍稀植物，但以我們的經驗來看，真正有能力照顧，且讓它們在居家環境中好好活下去的消費者，其實並不多。

我不討厭異國品種，甚至也有養一些像是馬達加斯加原產的象牙宮、列加氏漆樹等，這些近年來在市場受到歡迎的塊根植物，隆起的厚實樹根十分迷人，怎麼看都看不膩。我在能力範圍內，也會試著養護罕見植物。

但如同開頭所說，觀葉植物專門店 REN 以照護植物為宗旨，所以基於「稀有品種照顧不易」的前提，店內並不販售這些植物，本書中也不會特別著墨相關的內容。

書中介紹的，以適合一般民眾照顧、能與大家一起長久生活的品種為主。

專欄

觀賞用植物，叫做卉

人栽培的植物，大致可分為農藝作物與園藝作物兩大類（見左頁圖），前者占比最高的類別是糧食作物，「可當成人類主食」；而後者則可概略分為蔬菜、果物，及花卉。

從漢字原意來解釋，花卉一詞即指花草樹木，尤其卉字更直接泛指所有草木。花卉栽培的範圍相當廣，從有根的花園庭院、景觀盆栽，到無根的花藝、插花等都屬其中。就連花卉種植、花材運用等，也在這個範圍內。由於概念含有「人類與植物之間的各種互動」，所以導致花卉與觀葉植物之間，常常無法精準定義，甚至在概念上容易重疊。

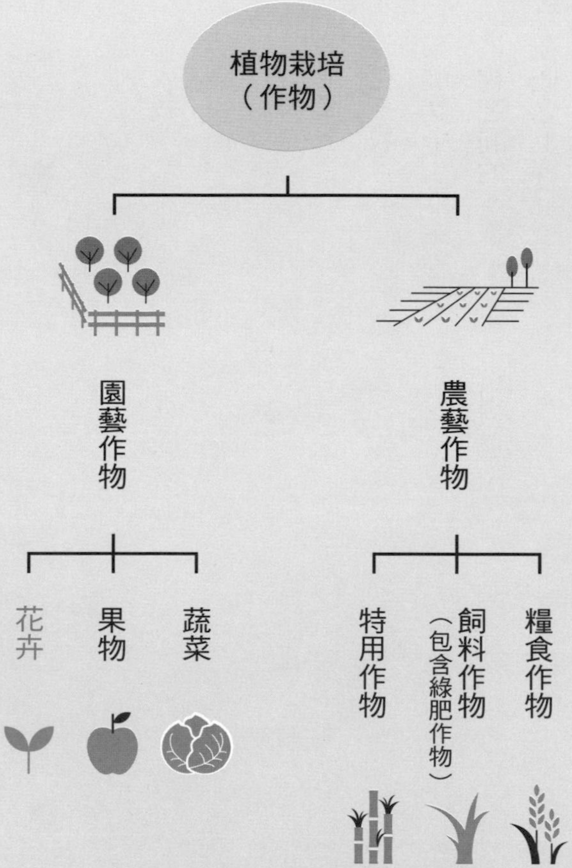

卉 卉字，有草木之意。

花卉的分類

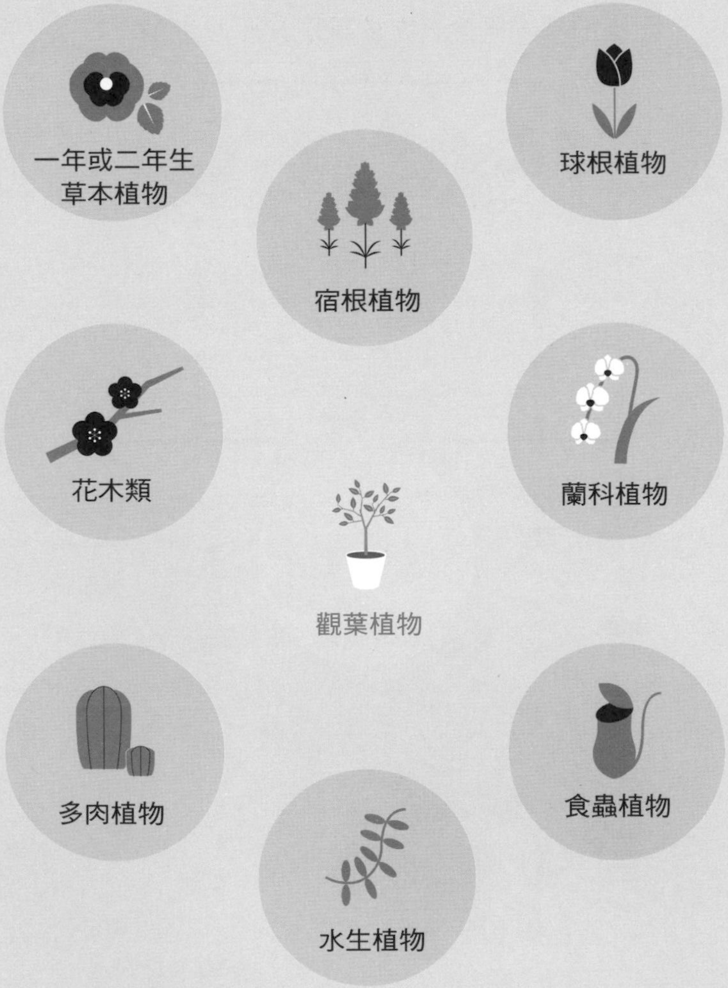
一年或二年生
草本植物
宿根植物
球根植物
花木類
觀葉植物
蘭科植物
多肉植物
水生植物
食蟲植物

1　日照、通風、溫控的眉角

照護的基本概念，在於重現其原始生長環境。

因此，第一步要掌握原生棲地資訊，並打造類似的條件。以生長在副熱帶地區的觀葉植物為例，空間明亮、通風良好、氣候溫暖，就是最適合的生長環境。

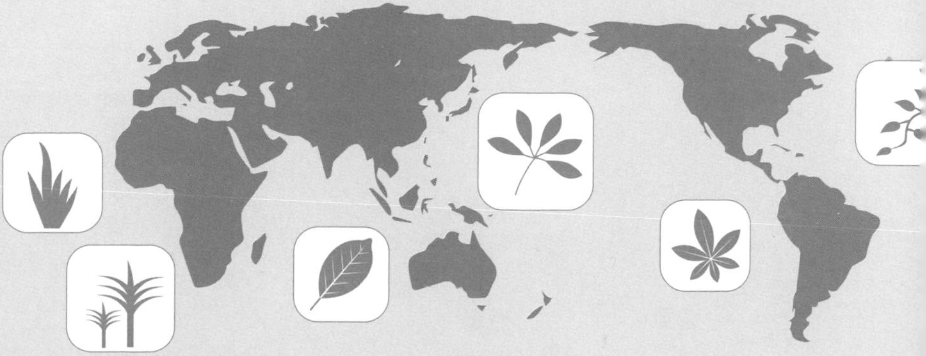

＊大部分觀葉植物都生長於副熱帶地區。

植物和人類一樣，能敏銳的感覺生存環境是否舒適，而環境更是影響生長狀況的原因。換句話說，照顧觀葉植物其實一點都不難，只要人類覺得舒適，大部分的觀葉植物多半能在類似的環境中存活下來。

人在哪種空間會覺得舒適？

日本厚生勞動省的環境衛生管理基準表示：「溫度約在攝氏十八度以上、二十八度以下」、「溼度約在四〇％以上、七〇％以下」。

除此之外，早上醒來拉開窗簾晒太陽、打開窗戶呼吸新鮮空氣，如果房間還能維持宜人的溫度就更棒了！大部分的人都喜歡這種能好好放鬆的理想空間。在類似的條件下，對觀葉植物來說，也是相當完美的生長環境。

由此來看，照護好觀葉植物的三大要素，跟人類一樣，是**陽光、通風與溫度**。

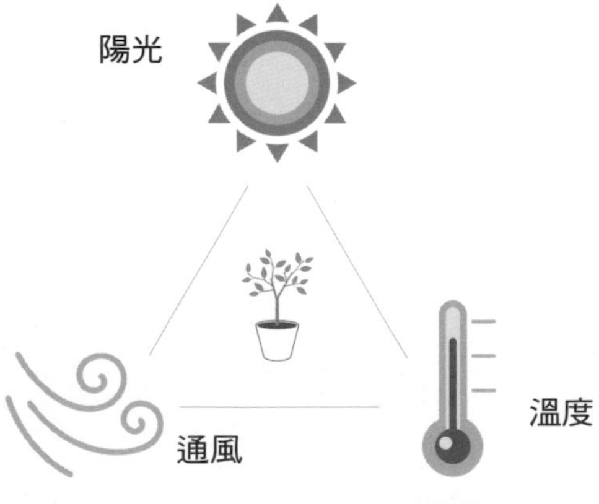

▲ 植物跟人類一樣，在適度的陽光、通風和溫度下，能生長得很好。

陽光：以能閱讀為標準

陽光是植物進行光合作用不可缺少的條件，但不同品種對陽光的需求各有不同，有的因喜歡強光而被稱為「陽性植物」，如稻米、小麥及多肉植物等；有的則喜歡微光，例如大部分的觀葉植物，偏好類似沖繩地區及臺灣等副熱帶地區的森林環境，只需要柔和的間接光，若被太強烈的陽光直射，反而會害葉片受損。

因此，如果想在室內養盆栽，光線亮度只要以「白天能靠自然光順利閱讀」作為標準即可。如此一來，就能讓大部分的觀葉植物順利生長。

如果用具體的科學數據來說明照顧觀葉植物需要的光線照度，如下頁圖所示，最低約為五百 lux（勒克斯）至一千 lux。根據日本產業規格（ＪＩＳ）的照度

▲ 沖繩地區樹蔭下的溫柔陽光。

▲ 盆栽喜歡明亮、溫暖的場所。

▲ 人為控制採光。

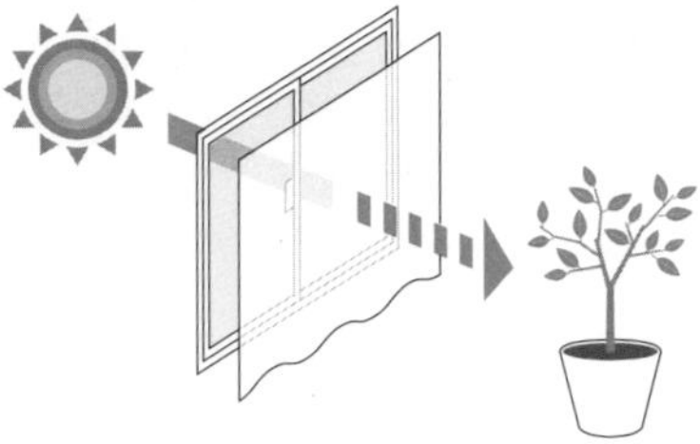

▲ 可用蕾絲窗簾等阻隔物，
避免烈陽直射。

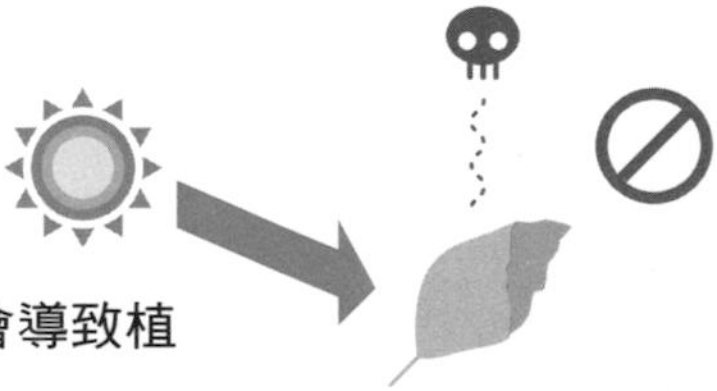

▶ 光照過強可能會導致植
物的葉片灼傷。

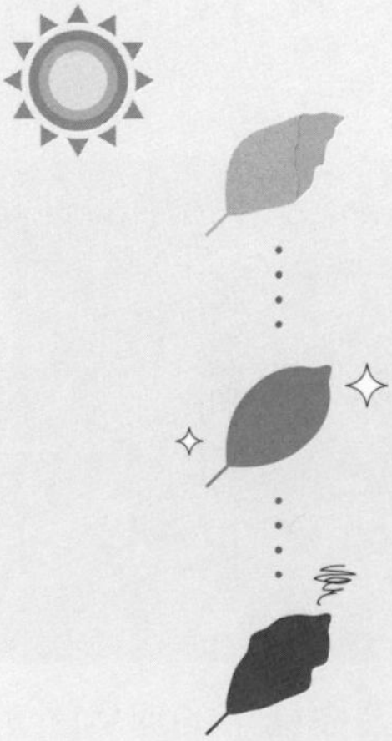

照度（lux）	場景狀態	
100,000	室外	晴天
10,000	室外	陰天
5,000	室外	雨天
2,500	室內	晴天時，採光良好的室內空間
1,000	室內	辦公室的一般照明亮度
500	室內	住家的一般照明亮度
300	室內	一般走廊的照明亮度
100	室內	陰暗的地下室

植物需要的最低光線照度（1,000～500）

標準，人們在用餐時，約需要三百 lux 以上的光線照度；閱讀時，則以五百 lux 至一千 lux 最為適宜。

觀葉植物對光線照度需求，大致跟人類一樣，我們也可以藉此作為判斷依據。

●沒有自然光怎麼辦？

有些空間可能沒有充足的自然採光，我建議這時可以使用「植物生長專用」的 LED 照明設備（見下圖），這類產品與一般室內照明用的 LED 燈具不同，原先多半用於商務需求，例如植物工廠或苗圃園藝等領域，但隨著技術普及、成本降低，近年來越來越常用於一般居家生活。

目前市面上有許多價格合理又適合居家生活氛圍的植物生長專用 LED 照明設備，不論是在室內設計或居家生活 DIY 賣場等，都能輕鬆入手，相當方便。

▲ 植物專用的LED照明設備。
示意圖來源：https://www.barrelled.net/

專欄

哪些是植物不可見的光？

動物藉由進食獲得能量，植物則透過光合作用來自行產生養分——光能將二氧化碳和水轉化成氧氣與碳水化合物（如葡萄糖）。

一般來說，太陽光擁有全光譜的波長，其中包括能促進光合作用的「紫外線／藍光」（四三〇至四五〇nm）與「紅外線／紅光」（六三〇至六九〇nm）；而大部分的人造光源，如室內照明用的LED燈、白熾燈或日光燈，並不包含這類波長的光。也就是說，光合作用只會在自然光的能量下發生，而大部分人造光源的波長與自然光不同，無法順利觸發植物的光合作用反應（按：實驗證明，缺乏紫外線、紅外線的人造光源，雖可進行光合作用但效率低，導致某些代謝較慢或不正常）。

我們也許可以這樣理解：對植物而言，只要是紫外線／藍光與紅外線／紅光類似波長以外的光線，都是「不可見光」。

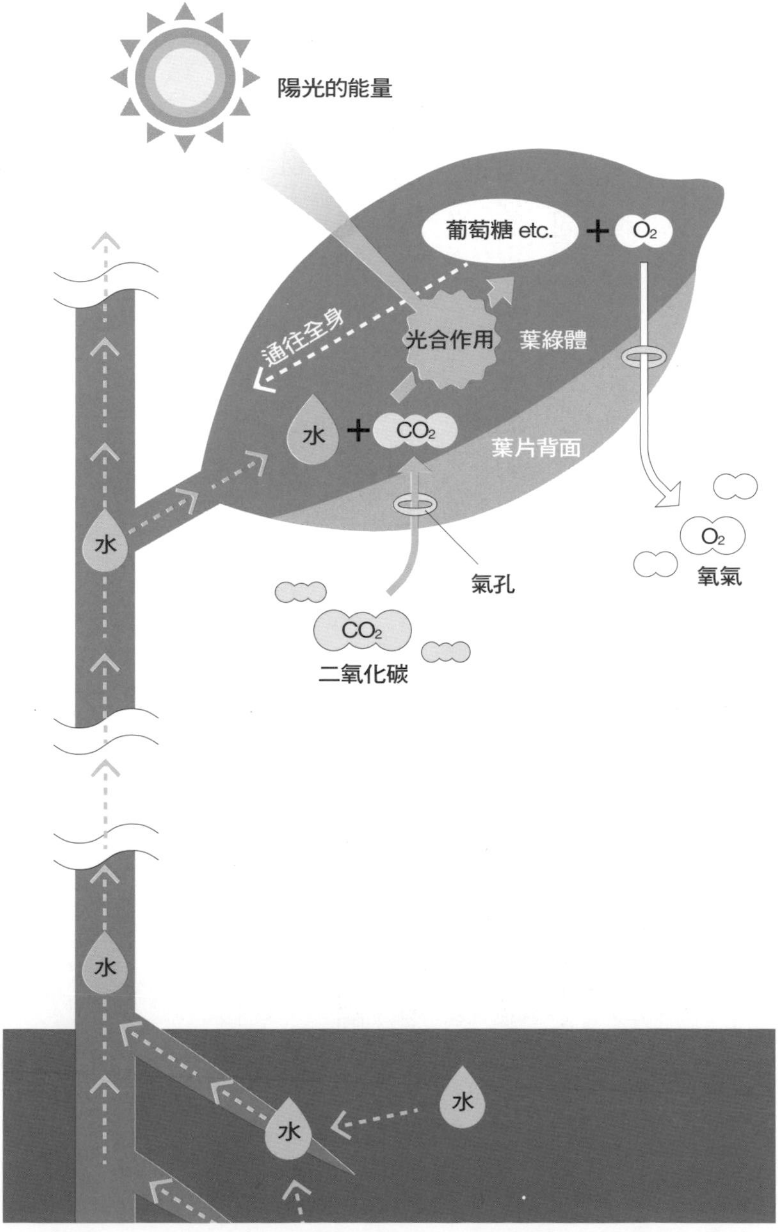

▲ 光合作用的過程。植物在自然光下，才能順利觸發光合作用。缺乏紅外線、紫外線的人造光，效率低下。

通風：讓空氣能順暢流動

在家裡擺設盆栽的人，通常會放在哪裡？是隨意一處牆角，還是放在某個書架或櫥櫃當擺飾？

許多人在決定植物的擺放位置時，通常不會注意空氣是否流通。觀葉植物在大自然裡，幾乎不會生長在密閉或無風的空間，這是因為**流動的空氣，可以為植物帶來光合作用必備的二氧化碳**，除此之外，也可避免滋生有害的微生物及害蟲等。據說有九成的植物病害，都是由真菌所引起，可見空氣不流通，除了阻礙植物進行光合作用，也會產生其他嚴重影響（見下圖、左頁圖）。

植物跟人類一樣，只要能生長在空氣流通的環境裡，就能讓呼吸順暢、精神健壯。

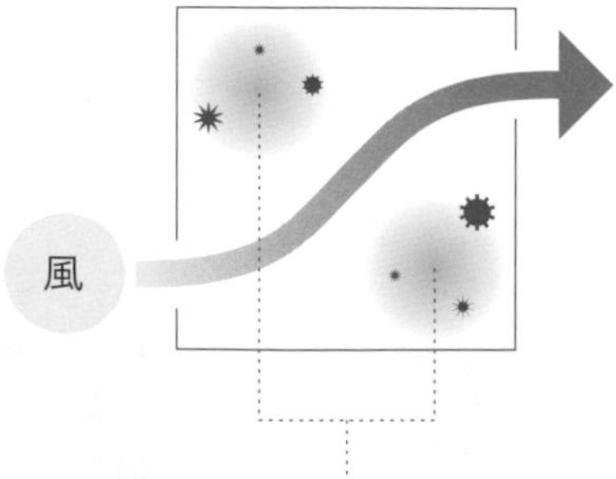

▲ 距離窗邊較遠的角落，
空氣不易流通。

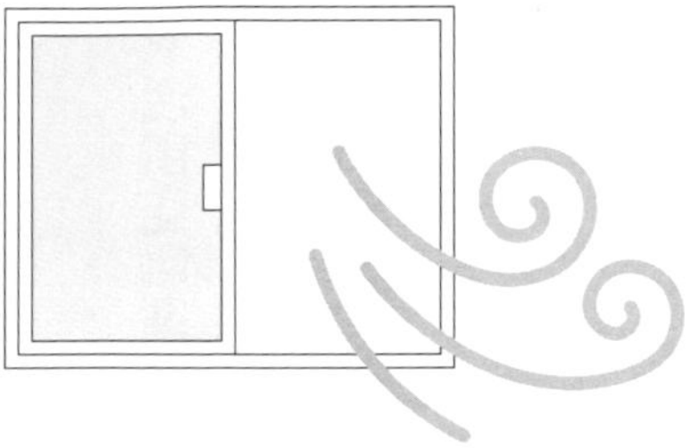

▲▶經常打開窗戶保持通風。

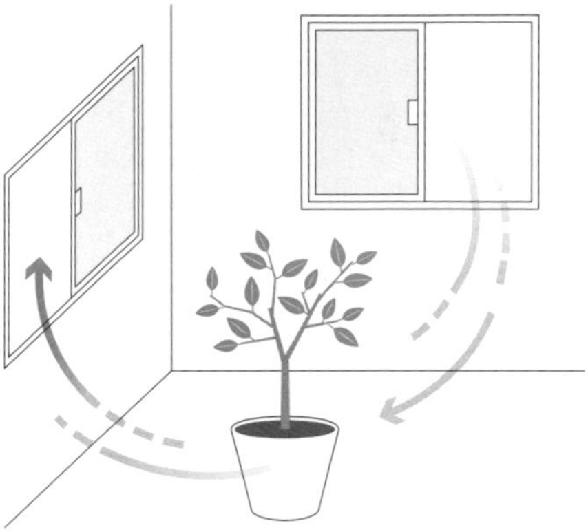

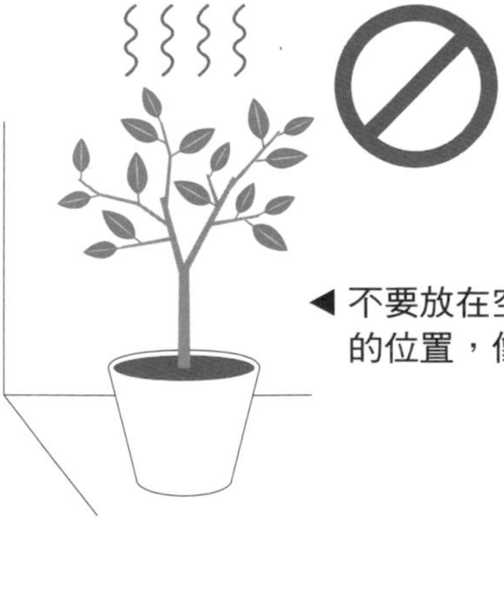

◀不要放在空氣不流動的位置，像是角落。

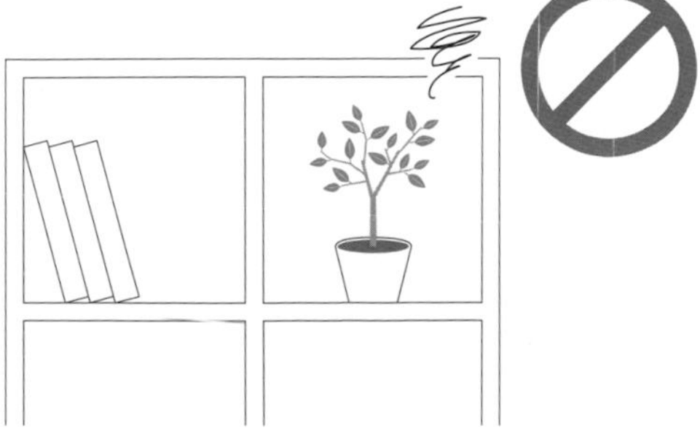

▲避免擺在封閉空間或環境裡，例如書架或櫥櫃內。

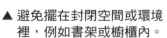

●活用空氣循環扇

萬不得已，必須將盆栽放在沒有窗戶或不能打開窗戶的環境中時，空氣循環扇能幫助我們解決空氣流通問題。

空氣循環扇跟一般家用的電風扇不同，能以直線的方式，集中並加壓空氣，接著傳送到遠方，使空氣循環。如果能搭配在窗邊設置換氣用的抽風機，便能創造室內與戶外空氣的對流效果，讓室內外溫度與溼度趨於一致。對人的居家生活來說，空氣循環扇也能輔助冷暖器的空調效益，或降低室內病毒濃度，有效減少病菌傳染。

使用時請特別注意，別讓強風對著植物直吹，太強的風力會帶走葉片上的水分，進而造成缺水。據說風速維持每秒一公尺左右，是最理想的狀態，大家不妨想像一下葉子在微風中輕輕搖曳的畫面。

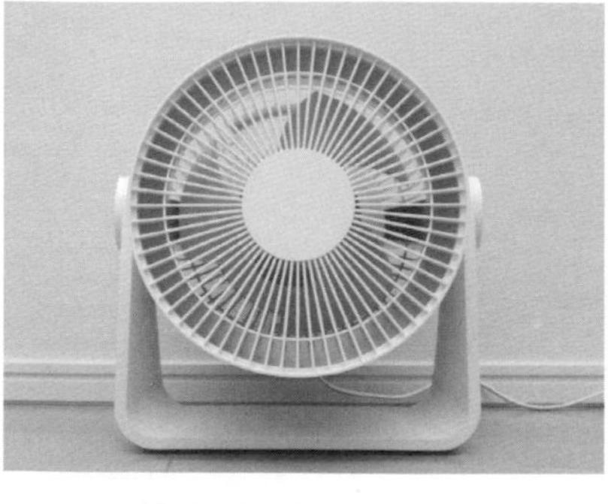

▲ 空氣循環扇可促進空氣流動，但不要直吹植物。

溫度：控制在二十五度左右

雖然生長在副熱帶的觀葉植物，常被誤認為相當耐熱，但實際上只要環境溫度超過三十度，它就會停止生長。

（按：植物只要在通風良好處，就能透過氣孔的蒸散作用來降溫。上文提到「停止生長」，應指室內無空調或是不通風所造成的。

（只要確保盆栽位於良好通風處，就可以持續生長。若是不耐熱植物，除了確保位於良好通風處以外，也應避免陽光直射，造成高溫傷害。澆水方面，則建議夏季時，應要確定「盆栽土壤乾透」，才進行一次澆水。以免高溫加上過度潮溼的土壤，使微生物孳生，導致根系死亡。）

▲ 觀葉植物喜歡溫暖的環境。

▲ 空調出風口盡量不對著植物。

▲ 只要維持室溫 20 度至 25 度，觀葉植物就能不分季節持續成長。

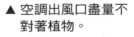

觀葉植物喜歡生活在不冷也不熱的區間，大概二十度到二十五度左右，只要能維持在這個溫度，就算是在室內，也能不分季節的持續生長茁壯。此外，就算在寒冷的冬天，只要室內溫度維持在十度以上，大部分的盆栽都能「不落葉」的度過寒冬。

但要特別注意一點：對觀葉植物來說，空調的冷氣或暖氣，非常具有殺傷力，使用時請記得調整風向，不要讓空調的出風口對著植物。

● 植物會因為環境改變而產生壓力

有些人照顧植物時，在天氣好時，會想把盆栽拿到陽臺或移到窗邊晒太陽。我能理解照顧者的心情，但老實說，頻繁移動植物位置，可能會導致反效果。

因為大部分的觀葉植物，都不喜歡溫度或環境產生劇烈變動。所以若決定好擺放位

▲ 植物喜歡穩定的環境，所以不要動不動更換位置。

置後，盡量讓盆栽維持在同一個環境中，藉此維持健康穩定狀態（某些植物在特別脆弱時，需要短時間做日光浴，以改善其健康狀況，但這種情形另當別論）。

此外，新買回家的植株一開始會出現落葉反應，這是植物在適應新環境時所特有的防衛機制，通常只要過一陣子，適應新環境後，狀況就會改善且長出新葉，並不用太過擔心。

但如果落葉情況越來越嚴重，也沒有好轉的跡象，則可能代表新環境不適合它生長，此時請重新檢視擺放位置，以避免植物適應不良。

有些照顧者可能會擔心植物老是同一面朝向陽光，會造成生長不均，這時只要原地轉向，讓植物的每一面都能晒到太陽，詳細做法請參考第一〇二頁。

專欄

植物的氣孔，同時進行呼吸和蒸散

除了光合作用外，植物也跟動物一樣有「呼吸作用」——從空氣或土壤中吸收氧氣，在細胞中完成呼吸作用後排出二氧化碳。

相對於光合作用只在光線充足的白天進行，植物的呼吸作用則不分晝夜（見左頁圖）。對人類而言，「利用二氧化碳進行光合作用」可能很難理解，但是「植物需要維持呼吸，所以需要通風環境」，就跟其他動物一樣了。

順帶一提，植物進行光合作用時，會吸收大量的二氧化碳，也會釋放大量的氧氣，而且氧氣量比植物在呼吸作用時所排出的二氧化碳多更多。

葉片的背面有被稱為「氣孔」的微小孔洞，就是植物用來呼吸與進行「蒸散作用」——釋放水蒸氣的地方。每一種植物實際的氣孔數量都不同，但通常在每一平方公釐的葉片上，有超過一百個氣孔，植物就是利用這些氣孔，隨時都在呼吸。

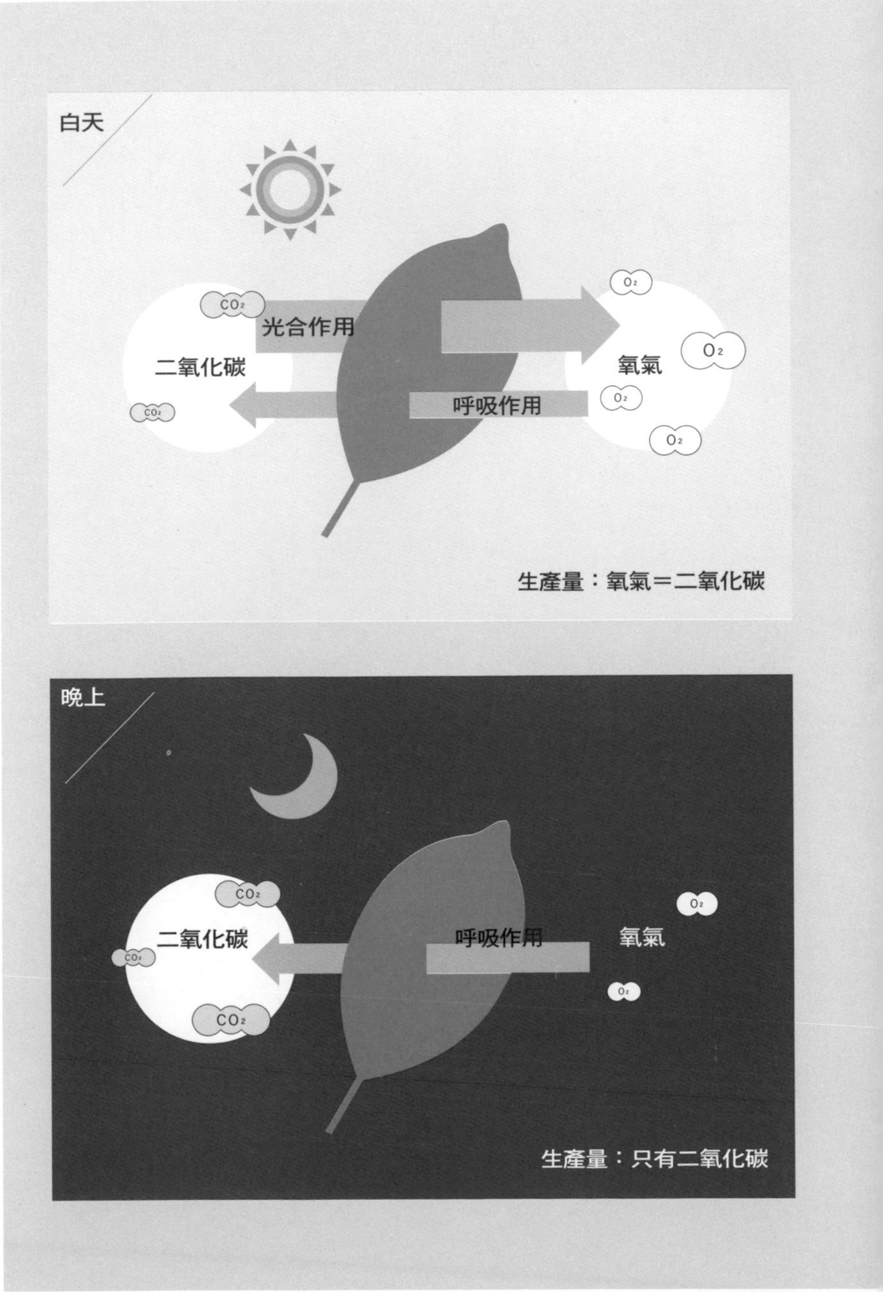
白天
CO_2
光合作用
二氧化碳
CO_2
O_2
O_2
氧氣
呼吸作用
O_2
O_2
生產量：氧氣＝二氧化碳
晚上
CO_2
二氧化碳
CO_2
CO_2
呼吸作用
氧氣
O_2
O_2
生產量：只有二氧化碳

2　買回家後，盡快換盆

我會把「土」跟「土壤」視為兩種不同的物質：

土是岩石風化後的產物。

土壤則是富含各種物質的土，可以形成豐富的生物圈，可說是自然界各種動植物的根基。尤其在園藝中，土壤具有不可或缺的重要性，甚至有專門的術語「用土」，用來形容在園藝中跟「土壤」有關的介質。

※ 土與土壤的定義因人而異，有些人則主張不用特別區分。

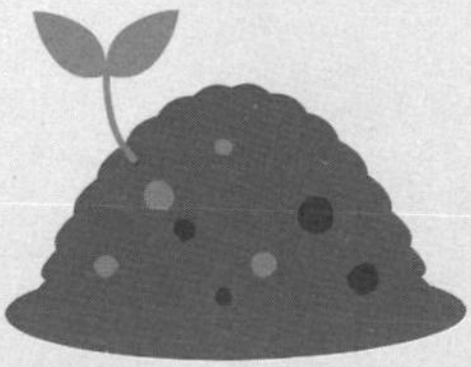

▲ 土壤，富含各種物質。

▲ 土，岩石風化後的產物。

如前文所介紹，大多園藝店可能因為方便等商業考量，把待售的觀葉植物，直接種在簡易的塑膠盆中，且用來種植的土幾乎不含腐植質。所以，盆栽在缺乏養分的生長環境中，僅能勉強維持生存，根本無法發揮原有的旺盛生命力。

因此，當我們購入一盆用塑膠盆種著的植物，首要任務就是盡快換盆。

要如何準備新盆的用土？

為了讓植栽健康生長，土壤最重要的關鍵三大要素是：團粒結構、微生物、腐植質。

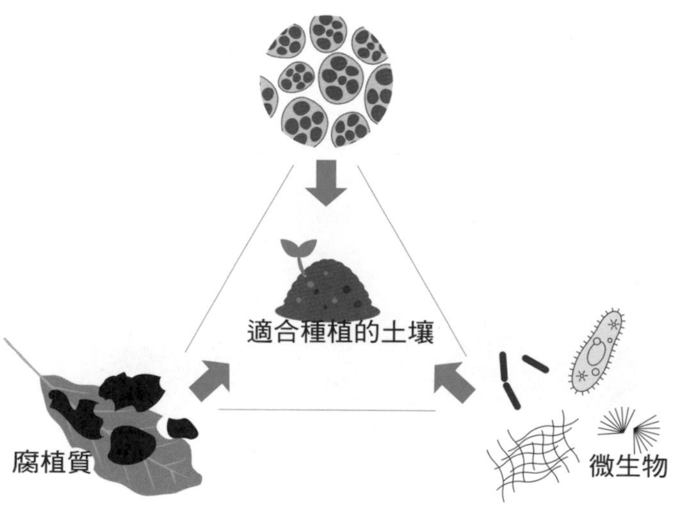

▲ 土壤最重要的關鍵有三個：團粒結構、腐植質和微生物。

土壤要鬆鬆軟軟的

所謂的團粒結構（Granular structure），簡單來說，就是各種土壤顆粒混和成一個個的團粒（小球狀），好的團粒結構有許多大大小小的空隙，讓土壤擁有良好的保水性、排水性以及透氣性，進而達到理想的平衡狀態（單粒結構和團粒結構差異見下圖）。

在這種狀況下，土壤顯得鬆軟，植物根部可以盡情舒展，有助於植物生長。此外，雖然保水性與排水性乍聽之下是兩種矛盾的性質，但在好的團粒結構下，這兩者可以自然調節並達到平衡共存（見下頁圖）。

綜合以上的說明，我們能了解不好的土

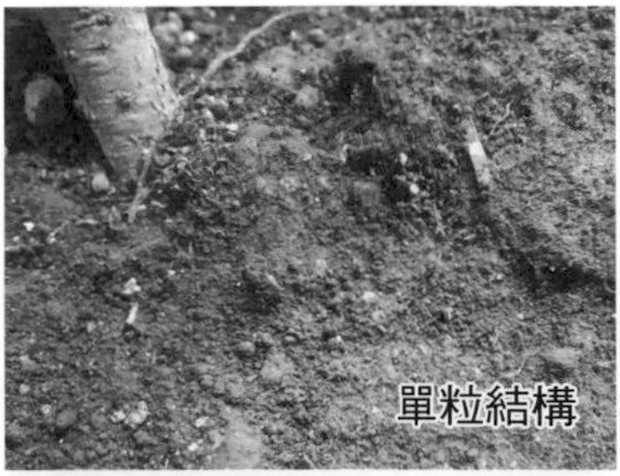

單粒結構

團粒結構

壤，是由細小顆粒（如沙等）所組成的單粒結構。單粒結構的土壤不只土質較硬，且難透氣、難以留住水分，縱然有些排水性還不錯，但對於植物的生長，會產生不利的影響。

●適合植物的土壤關鍵在於多樣性。

順帶一提，REN所使用的栽培用土，會挑選多種不同性質的土壤，並以最適當的比例加以混合，為植栽打造出擁有多種功能的土壤環境（見左頁圖）。

根部是微生物的樂園

據說每一公克的土壤中，有數以億計的微

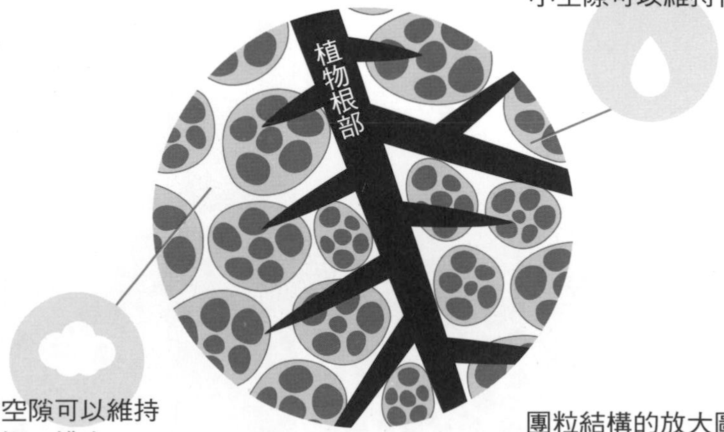
小空隙可以維持保水
透氣、排水

團粒結構的放大圖

生物，且品種高達數萬種。我們不妨想像一下，只要輕輕抓起一把土壤，裡面的微生物可能比全世界人口還要多。而這些微生物在植物的成長中，扮演十分重要的角色，因為存在豐富多元的微生物，植物才能健康生長。

植物與微生物之間，有著微妙的共生關係，尤其「菌根菌」——位在植物根部與植物一起共生的所有菌種統稱——其菌絲約只有〇・〇〇五公釐（五微米），粗細與蜘蛛絲差不多，有些比較短的甚至無法用肉眼辨識。我們能在植物根部上看到附著大量土壤，多半是由菌根菌造成的。

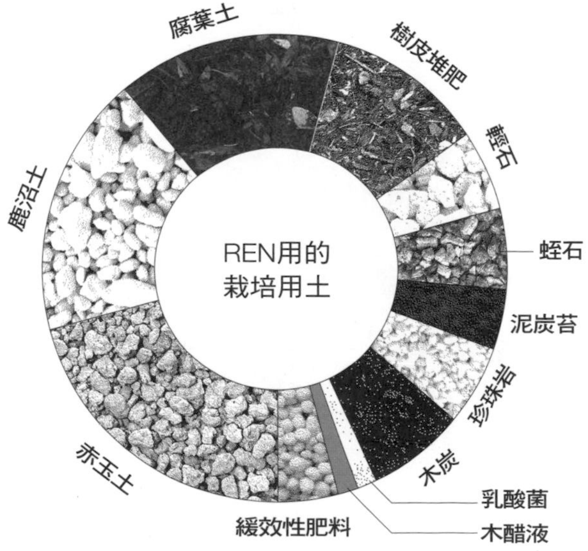

菌根菌會透過菌絲入侵植物根部的細胞，藉此獲得植物行光合作用後所產生的葡萄糖等營養物質。另一方面，菌根菌的菌絲也會把土壤中的養分與水分，尤其是植物無法從土壤中直接吸收的磷與氮等元素，提供給植物利用。

磷可用來製造植物細胞，氮則可以提供植物所需的蛋白質，兩者都是不可缺少的營養素。透過菌根菌等微生物的分解作用，可將這些物質從有機物分解成無機物，以利植物吸收（見左頁圖）。

總結來說，**微生物與植物是一**

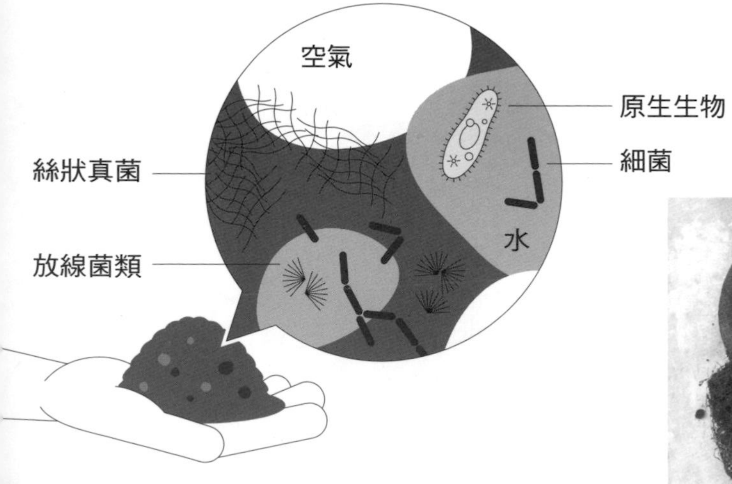

▲ 植物根部附著土壤，是因有許多菌根菌。

種相互合作與相互依賴的互惠共生關係。關於更詳細的說明，我們特別找了日本微生物領域專家伊藤光平先生訪談（見二二五頁），相信大家看完之後，對於微生物在植物照護中所扮演的重要角色，一定會有更深入的了解。

腐植質：土壤肥沃程度的指標

如字面上的意思，腐植質是指植物腐爛後所殘留的物質。舉例來說，落葉堆積成腐葉土，並經過微生物長時間的分解後，就成了腐植質的一種。不只腐爛後的落葉，包括各種動植物的遺體或

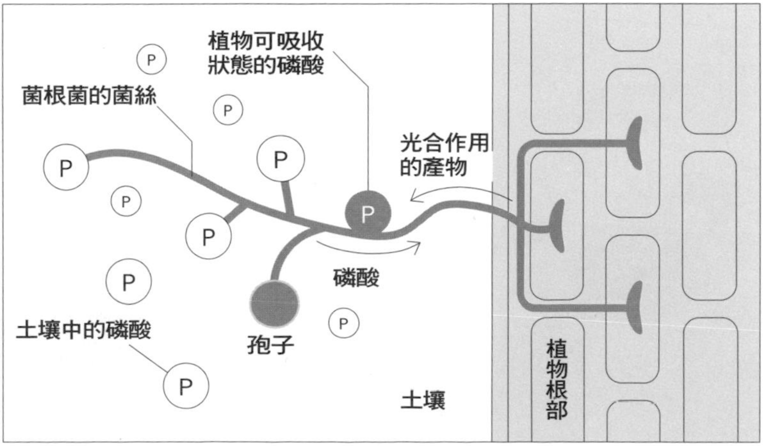

▲ 土壤中的磷酸溶解後，由菌根菌吸收並供給宿主，菌根菌從植物中獲得有機物質。

排泄物，經由微生物混和、分解與發酵，最後形成的有機物，都是腐植質。

土壤是否肥沃，其中一個重要指標就是腐植質，其含量越高，土壤顏色越深、越黑。

為什麼腐植質對植物這麼重要？

因為腐植質可提供微生物大量養分，也可以經過微生物分解，讓植物吸收養分。因為人類無法直接供應這些營養素，所以只能透過腐植質來培養微生物，再透過微生物供給植物所需養分。

腐植質含量越高的土壤，微生物越豐富和活躍，也就是我們一般所稱的沃土。但栽培用土也不是腐植質越多越好，我們得根據不同品種植物的需求，提供恰到好處的配方比例，才是對植物最好的生長環境。

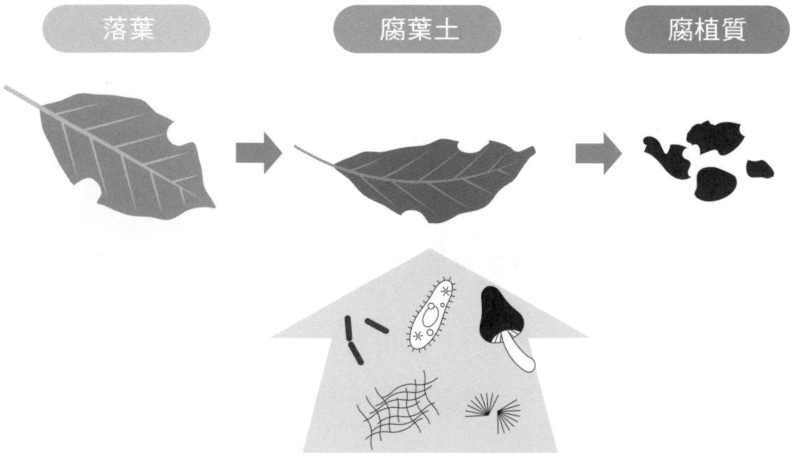

●腐植質，能保存養分

此外，腐植質還具有超高保肥力的特點。保肥力，是指土壤保留養分的能力，簡單來說，就是土壤中儲存養分的多寡，一般土壤學的專業術語稱之為「陽離子交換容量」（Cation exchange capacity，簡稱CEC）。

其原理在於，一般土壤粒子通常會帶著負電荷，而植物所需的礦物質等養分，則多半帶有正電荷（見下圖、下頁圖），負電荷能吸附正電荷，所以土壤中的CEC數值越高，能保留的礦物質等養分也越多。

以一般土壤的成分來說，腐植質的CEC非常高，幾乎是黏土質的十倍以上。而且，腐植質還能釋放出具黏性的有機物質，能幫助土壤形

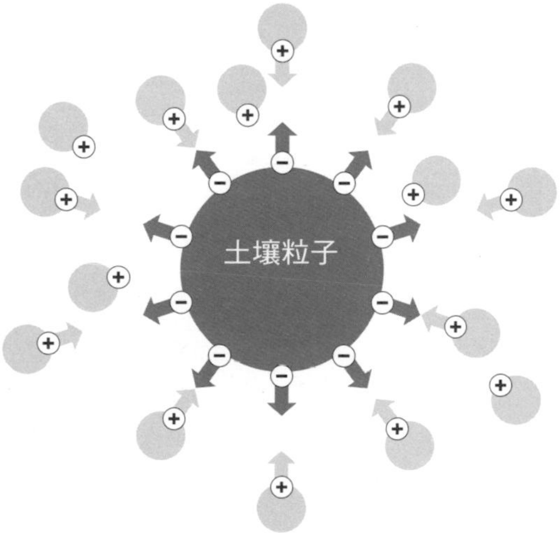

成團粒結構，益於植物生長。

儘管腐植質的優點很多，但有些園藝店不喜歡使用它，原因在於其有機營養成分太高，容易滋生各種小蟲或微生物等。因此為了營業方便，大部分店家會改用無機物成分較高的栽培用土（如碎瓦或海綿等），有些也會使用不含腐植質的有機栽培用土（像是椰子殼或植物殘渣等），甚至用水耕的方式來栽培植物。這些都是基於衛生方便，且避免滋生蚊蟲與微生物的權宜做法。

這些方式嚴格說起來並沒有錯，但本書並不推薦。畢竟在大自然裡，尤其是茂密的森林或者是土壤肥沃的地方，小蟲與

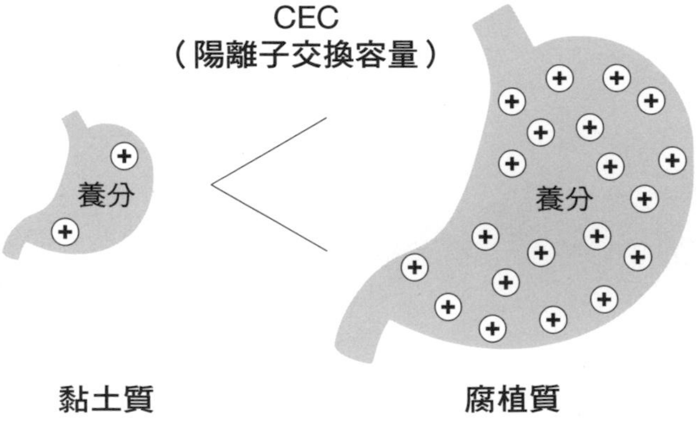

微生物本來就是必要存在。與其想盡辦法消滅或避免它們出現，不如好好學會共存方法。

我會在下一章介紹植栽土壤的「覆蓋法」，只要多花點心思，就能讓植物有充足的養分，又不讓小蟲出現在我們眼前。

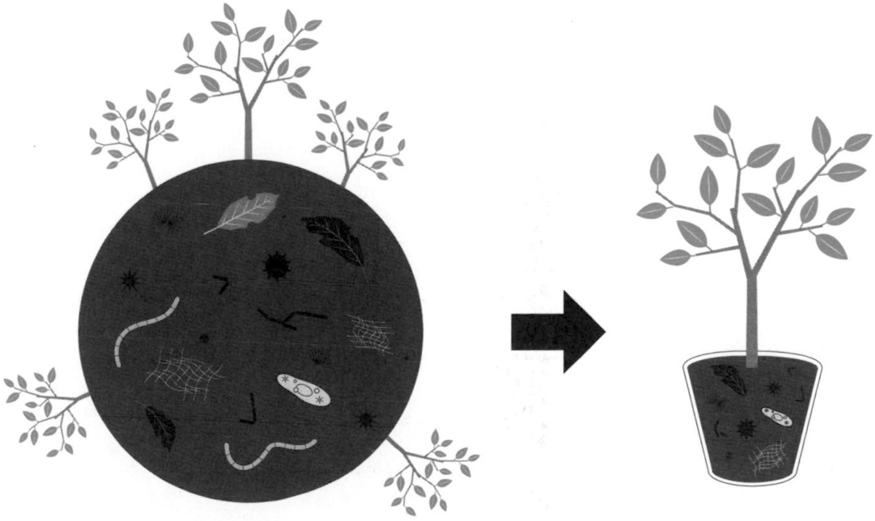

▲ 照護的基本概念，是重現其原始生長環境。

3　澆水三年功，太多太少都不行

有一句諺語是「澆水三年功」——花三年，才能學會如何正確澆水。

澆水看似簡單，卻是一門相當深奧的學問。因為植物根部的水分與新鮮空氣，幾乎都是透過澆水取得。

若想掌握要領，最重要的基本原則是：等土完全乾燥後再給水。

▲ 務必等到栽培用土完全乾燥後，再充分給水。

適度缺水，植物長更好

在我過往接觸的案例中，植物出問題的主要原因是澆太多水。我很能理解擔心植物缺水的心情，但就像人一樣，如果植物吸收過多水分，就容易出狀況，請記得，適當澆水能讓盆栽更好的攝取和吸收營養。

一般來說，植物具有向水性，其根部會感知土壤的乾燥狀況，並為此伸展根部來尋找水源。如果盆栽內的水分充足、土壤一直維持溼潤狀態，植物就變得偷懶，根部也會消極生長，安於維持現狀（見下圖）。再加上，植物根部需要呼吸，如果水分太多，可能導致根部窒息、甚至腐爛等狀況。

澆水的最佳時間點，請控制在盆栽內的栽培用

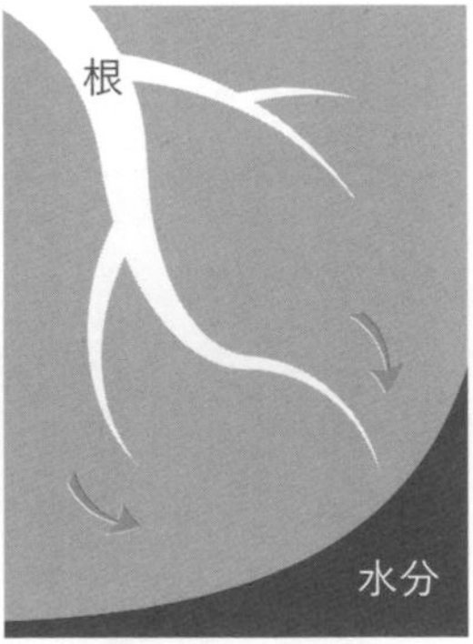

▲ 土壤適時乾燥，植物會為了尋找水分而伸展根部。

▲ 水太多會讓根部生長消極，停止往深處延展。

▲ 澆水的量，以盆器體積的1/4為標準。

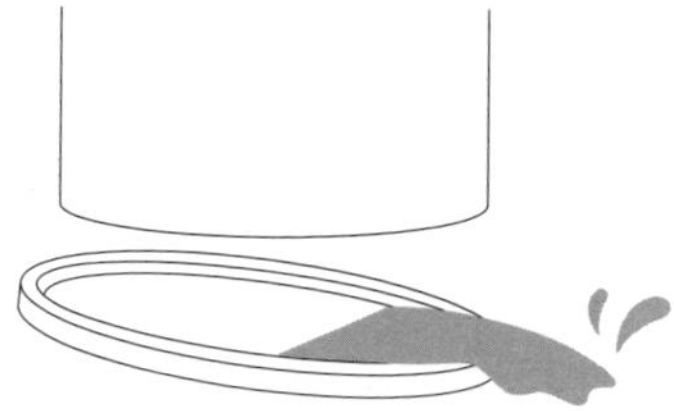

▲ 盆栽底部若積水，會導致植物根部腐爛。

土完全乾燥時，且記得澆水量，只要占盆器體積約四分之一即可。

看到這裡，或許有人會問：「澆水不是要加到水從盆栽底部流出為止嗎？只加四分之一會不會太少？」事實上，前者僅適用於保水性較低的栽培用土，如果是富含腐植質的栽培用土，由於保水性強，所以每次水量加四分之一，會比較適合。

把水量控制在這個範圍內，就可確保水能充分滲透到土壤中，也有足夠的空間讓空氣流動。而且水沒有多到從盆底的排水孔流出，就代表盆底不會因為積水而阻礙根部呼吸，此外，因植物透過根部吸收水分來進行光合作用，所以澆水時間可選在早上。

就像我們想維持身體健康一樣，經歷過適當的飢餓（乾燥）與飽足（溼潤），才能讓植物的生理機能維持健康生長。

覆蓋法，抑制水分過度蒸發

為了避免觀葉植物受到氣溫太高或太低的影響，以達到抑制水分過度蒸發、隔絕小蟲、避免雜草叢生等效果，在這邊提供一個照顧的小訣竅，就是「覆蓋法」。

覆蓋法，是指將各種素材鋪蓋在觀葉植物的栽培用土上，一般會使用碎石、細沙、樹皮、椰子纖維或麻布等素材（見下圖），但碎石或細沙在經過反覆幾次的澆水之後，很容易跟栽培用土混在一起，而其他素材又不太自然，也不美觀，所以我習慣用「苔蘚片」（乾燥的苔蘚）。

碎石或細沙

樹皮

椰子纖維

麻布

乾燥的苔蘚片，美觀又自然。

這是我從庭院造景中獲取的靈感。一般景觀盆栽多半使用活的苔蘚類植物來裝飾栽培用土，但是活苔蘚得額外花心思照顧，不太適合初學者，所以我特別選用乾燥的苔蘚片，既不用澆水、也不用額外照顧，還不會跟栽培用土混在一起，而且漂亮、自然，十分值得推薦。

如同前面所說，使用覆蓋法可隔絕土壤中因富含腐植質所滋生的各種小蟲，像是果蠅等。但要注意的是，並不是所有小蟲都對植物有害，為了維持大自然的平衡，我建議大家在照顧植物時，盡量打造一個互不干擾、可以彼此和諧共生的環境。相關的內容，我會在第二章詳細說明。

此外，如果使用覆蓋法，在澆水時請記得要掀開或避開覆蓋物，以避免覆蓋物出現變質等狀況（見下頁圖）。

土壤溼度計，澆水最佳輔助

有時候盆栽的表面雖然看起來已經乾了，但栽培用土的內層仍相當溼潤，如果在這種情況下替植物澆水，就會出現常見的「澆水失誤」。

有一些方法能夠幫助我們判斷土壤的乾燥程度，例如衡量盆栽的重量，但對於初學者來說，並不是一件容易的事。為此，我推薦給大家的方法是：使用植物專用的「土壤溼度計」。只要把土壤溼度計插進盆栽裡，非常簡單就能從溼度計上的顏色變化，判斷什麼時候要補充水分（見左頁圖），尤其適合那些無法確切掌握盆栽乾燥程度的初學者。

土壤溼度計就像自行車上的輔助輪，可以幫大家熟悉植物的澆水規律，感受栽培用土的乾溼度週期變化，直到大家有足夠經驗可掌握植物澆水的時機為止。

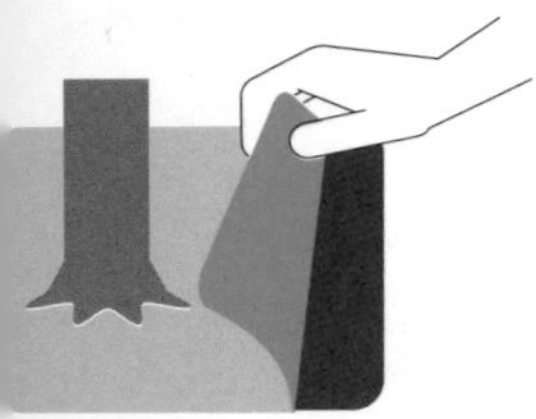

① 掀開覆蓋物。

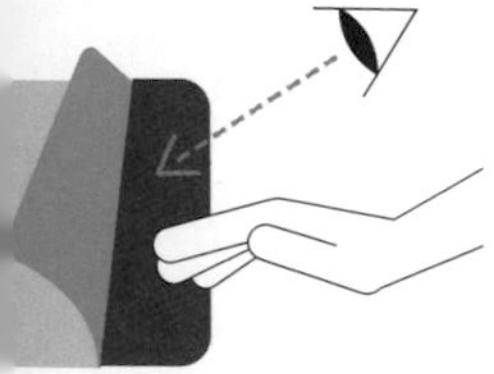

② 確認栽培用土的乾燥程度。

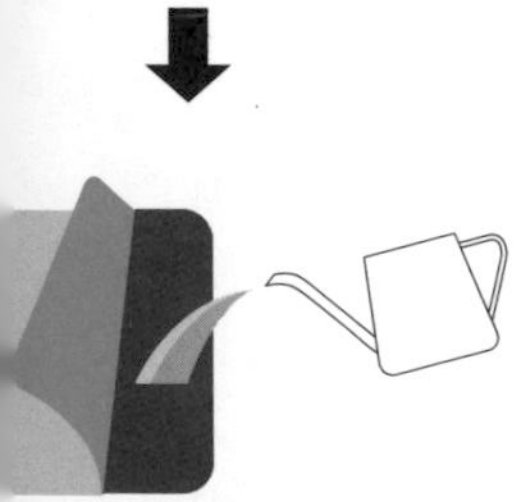

③ 如果栽培用土完全乾燥，再補充水分。

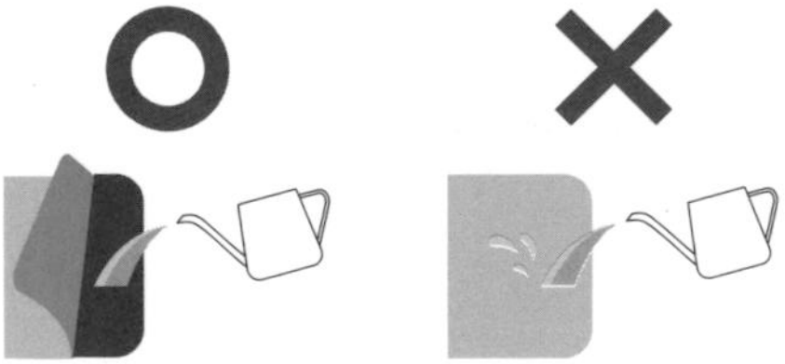

為了避免覆蓋物變質，
澆水時請避開或掀開覆蓋物。

◀ 土壤溼度計「SUSTEE」
引用：https://sustee.jp

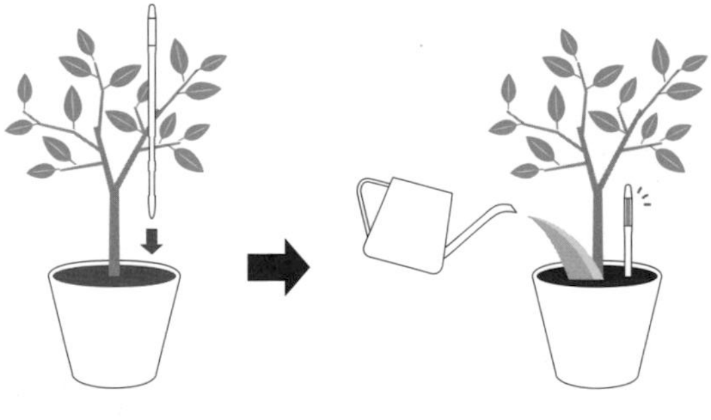

② 澆水後，土壤溼度計的顏色會從白色變成藍色。

① 將土壤溼度計插入盆栽中。

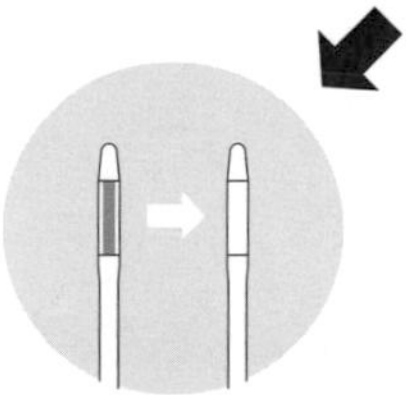

③ 等到土壤乾燥後，土壤溼度計的顏色又會從藍色變回白色。

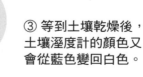

植物哲學筆記

超越時間的生命型式

人類生活中，最早開始接觸花卉與做觀賞用植物（The first flower people）的是尼安德塔人（Neanderthals，早期智人物種）。

根據一九五〇年代美國哥倫比亞大學考古學家拉爾夫・索萊基（Ralph Solecki）的調查，他在伊拉克的一處洞穴中發現可能為史前人類尼安德塔人的遺骸，並在這堆被屈身埋葬的骨骸四周，他同時找到了各式各樣的花粉殘跡。據此推測，應該是當時的尼安德塔人，為了悼念同胞的逝去，特別以繽紛的花朵獻葬死者所致。

許多人認為尼安德塔人是野蠻、不具文明的原始人種，沒想到透過考古的發現，竟然顛覆了大眾過往的想像，他們具有感性且情感豐富的一面，甚至可能是歷史上最早的園藝愛好者。

但我們也從這則故事中發現了另外一個問題：為什麼我們理所當然的認為，是「人們培養出欣賞花草樹木的文明」，而不是「人類文明被花朵植物所吸引」？

人被植物馴化

對每天跟花花草草打交道的我來說，對植物的認知，早已超越「植物是附屬於人類生活」的範圍。有更多案例與經驗顯示，其實人類的文明與生活是依附在植物底下發展。甚至它們的生命型態，很可能已經超越人類或一般動物。

以色列著名歷史學者哈拉瑞（Yuval Noah Harari），在代表作《人類大歷史》（*Sapiens: A Brief History of Humankind*）中，對人類社會的農業革命，提出精闢的討論以及見解，其中與本書最相關的論點是：「不是人類馴化植物，而是人類被植物馴化」。

此外，美國知名記者與專欄作家麥可．波倫（Michael Pollan），在《植物的欲望》（*The Botany of Desire*，此為暫譯，臺灣未代理）也提出，「所謂農業，是禾本科植物為了征服其他樹種或植物，而奴役人類所從事的行為」，這種說法也有其道理。

義大利植物學者司特凡諾・曼庫索（Stefano Mancuso）在《植物比你想的更聰明》（*Verde brillante*），也介紹許多經過最新研究方法，證明「植物具有智能」的案例，結論就如同該書原文的副標題，「用二十種感知思考的生命系統」，植物確實具有比人類更加多元豐富的感知能力。

在《植物比你想的更聰明》中，作者以身為植物學家的學養與專業，再加上科學方法進行分析，證實植物擁有智能。如果我們把智能一詞，定義成「具有解決問題的能力」，那麼「植物確實遠比我們所想像的更聰明……無疑是具有優秀智能的生物」。這是一本對植物學界具有指標性意義的學術論著，同時帶給許多業界人士極大衝擊。

綜觀整個地球上，植物占了所有多細胞生物質（biomass，泛指地球上各種有機體的整體質量）九九％以上，我們幾乎可以依此認定，就算說「植物是地球的主宰，整個地球上的生態系統都由植物來主導」也絲毫不為過。

有記憶力還能自主移動

以色列遺傳學家丹尼爾・查莫維茲（Daniel Chamovitz）寫了一本書，名為《植物看得見你》（*What a Plant Knowns*），書中介紹各種植栽的高度感知能力，並輔以最先進的科學研究來解釋分析。

我受到這本書某種程度上的影響，尤其印象最深刻的案例是：捕蠅草的記憶。

捕蠅草因能以葉片捕食昆蟲而廣為人知，但它捕捉昆蟲的機制是什麼？事實上，如果昆蟲只輕觸捕蠅草的葉片「一次」，並不會馬上觸發葉片的閉合，而是只有在二十秒內，觸碰捕蠅草的不同感知器官時，才會觸發捕蠅草的捕食動作，讓它在短時間內關閉葉片，完成捕食。

這是因為捕食昆蟲需要耗費捕蠅草極大的能量，它必須先確認眼前的獵物夠大、值得捕食，才會有所動作。但這也衍生出另外一個問題：捕蠅草在捕食昆蟲時，是透過兩次不同的碰觸，來衡量獵物是否值得捕食。換句話說，它會「記得」第一次碰觸時的感受，在第二次碰觸時決定是否吃牠。這也意味著，捕蠅草擁有短期記憶，並且能依此做出判斷與行動。

另一個關於植物有記憶的案例——出自於我的觀察——是植物從休眠中甦醒的行為，在業界稱為「打破休眠」。

最著名的例子就是櫻花，如果冬天的溫度不夠低，櫻花花況就會受到影響，換句話說，櫻花會記得冬天夠不夠冷，默默記憶氣候變化，然後尋找最適合自己的開花時機。

除了記憶，也有很多人討論植物移動問題。多數人會認為，跟不會動的植物相比，像人類一樣能選擇生存環境的動物，更具有生存優勢。但對長期觀察植物生長的愛好者或研究者而言，「植物具有移動的能力」是不爭的事實。

植物的移動，最明顯的例子就是「地下莖」。當生長環境惡化、存活條件不理想時，地下莖會先選擇適合生長的環境，並移轉到新的環境中重新發芽，而原來地上的枝葉則任其枯萎。如果這不算移動，那什麼才是移動？

基於植物的移動性，也延伸出新的景觀設計流派。在法國，有些景觀設計師（利用植栽花卉等植物來美化空間或公共與商業設施的設計師），以植物會移動為前提，進行庭園或景觀的造景。例如《動態庭園》（*Le jardin en mouvement*，臺灣未代理，暫譯）作者吉勒・克萊蒙（Gilles Clement）便肯定了植物會遷徙（移動），並以此為基礎來建構庭園造景。他提出的「讓植物順性生長，不對抗自然」的觀點，對現代園藝發展史帶來革命性的轉變。只有人們對植物給予尊重，才能設計出與自然共生共容的庭園景觀。

最長壽的植物，成了一座山

法國有一名哲學家佛羅倫斯・博蓋（Florence Burgat），曾提出「植物不存在壽命概念」，他在《植物究竟是什麼》（*Qu'est-ce qu'une plante?*，暫譯，臺灣未代理）表示，這是一種超越時間的生命形式，因為它不受時間限制，也沒有經歷時間的過程。

「沒有經歷時間的過程」，主要是指植物具有無限分裂生長的可能性。

舉例來說，若分株（按：將已具備根、莖、葉或芽、根的個體，自母株中分出的營養繁殖）一棵植物，當它從根或莖開始分裂成兩株完整的植栽後，雖然它們會各自生根、獨立生長，卻擁有相同的遺傳基因。

如果再考慮植物們可以一分為二、二分為四……那麼，它們的複製次數可說毫無上限，由此來看，哪一棵植栽的壽命才是真正的壽命？

因此，從生態學的角度來看，植物不存在「個體」一詞，再加上它們缺乏主體，所以也無法定義哪一段時間的開始與結束，才是它們真正經歷過的時間。

至於「不受時間限制」的原因，則如前文所說，植物是超越時間的生命形態，所以不會受到具體時間與壽命的限制。例如，在美國猶他州的白楊樹群落，據說是世上現存最長壽的植物，已有幾萬年的歷史。它有高達四萬餘株的樹幹，都是由同一個根系所分出，而其分布的範圍之廣，與其說它是一棵樹，不如說它是一整座山會更貼切。

日本著名的繩文杉也有類似狀況，據說它們是從繩文時代生存至今，才如此命名。但不論採取哪種論點計算其存在時間，保守估計長達七千多年。即使是人為種植的景觀盆栽，樹齡也可能高達千歲。可見這些長壽植物並非特例。可以說，在許多環境中，植物都具有超越時間限制的潛力。

植物可透過高度感知、記憶、移動等方式，來解決生存問題，更有超越人類的無限繁殖能力，有如永生般的存在，不論在物理或精神層面，人類都無法企及。

可惜的是，人類基於本位主義，常常自詡萬物之靈，不願意多花時間了解植物。再加上西方從基督教開始發展後，因一神教影響，幾乎把充滿靈性的植物視為無機物，但高高在上的人們，沒因此讓世界發展變得更和諧，反而出現各種人禍與危機。直到近年來，開始有人提倡包括永續發展、循環經濟、去中心化、創生共融等概念，才發現這些早就是植物千萬年來所一直奉行的機制。

此時此刻，正是我們破除「知見障」（按：佛學用語，指被自己原來的知識學問蒙蔽，產生先入為主的觀念）時刻，或許人類應轉頭學習植物的生命形式，以更高層次的智慧，來尋求解決問題的方法。

第2章

它是累了，還是病了？

最近盆栽的狀況不太好……
我充分了解照護植物的基礎知識。
能幫上忙是我的榮幸。
風量與光線都相當完美！
（風速計）
如果有問題，可以隨時跟我聯絡喔！
那我就先告辭了。
幾個月後……
川原先生！請幫幫我！

盆栽最近經常掉葉子。
雖然做好基礎照護，但它卻沒有精神，
倒入
倒入
倒入
倒入
就算我多施肥，也沒什麼效果。
別緊張！
微笑
造成落葉的原因有很多。
我先來檢查它的狀況！
結果如何？
是病蟲害造成的，
只要簡單處理就能恢復了。
鬆一口氣
原來是這樣，真是太好了！

1　植物要定期做健康檢查

植物每天都會出現不同的變化，「看起來沒什麼精神」、「盆栽太小，需要換盆」，如果再加上病蟲害、土壤貧瘠等，會危害健康的因素不勝枚舉。

有些狀況，特別是病蟲害的辨識等又格外困難，就連專業人士也不一定能精準找出原因，所以遇到植物有狀況時，不要任意判斷，哪怕是細微的狀況或徵兆，最好先諮詢專門店及早對症下藥。

就像人類會定期看牙、洗牙或定期進行全身健康檢查一樣，替植物做例行性的定期檢查，也是非常有效的預防性醫療行為，千萬不要等到出現異狀才匆忙就診，否則通常會錯過黃金治療的最佳時機。

●數位健檢，即時掌握盆栽的健康狀況

我建議，不論植物是否出現任何具體症狀，都應要養成習慣，**每半年做一次例行性檢查**。尤其是**植物生長最旺盛的春秋兩季最容易出現變化**，更要多加留意。

自從在二〇〇五年開業以來，我一直將植物照護視為本公司重要工作的一環，在推出本項服務的初期，就提供「照片或視訊看診」等配套的健檢方案。目前我們每年約替三千餘株植物看診，照顧者只要透過通訊軟體或電子郵件，傳現況照片或影片，我們就會根據這些資料，提出具體建議。

目前也有越來越多店家提供類似的服務，相較於以往，大家應該都能更加便利且輕鬆的為植物進行定期健康檢查，不妨多加利用。

2 五個日常習慣，植栽不生病

不論是植物或人類，想要維持健康，預防永遠勝於治療。只要擁有強健的體魄，自然就不容易生病，而健康的植物，較不容易受到病蟲害的侵襲。

就像人類會養成刷牙洗臉、清潔耳朵與修剪指甲等習慣，許多日常小動作，都有助於維持身體健康。

對植物來說，同樣有一些能幫助維持健康的日常照護好習慣，能避免生病。

對植物的健康來說，病蟲害是最大的威脅，尤其虛弱時，更容易提高病蟲害入侵的風險。

一旦植栽遭遇到病蟲害侵襲，往往難以根治。

其實要讓植物擁有能抵抗病蟲害的強健體魄，只要落實五項日常照護的好習慣：時常替葉片噴水、定期擦拭葉子、每片葉子之間保持適當的空隙、即時清除枯葉、盆栽適時原地轉向（見下圖），如此就能培養出健康植物。

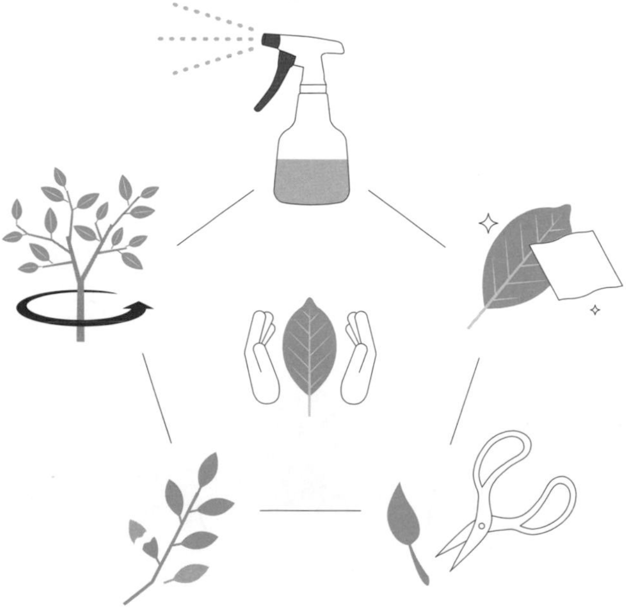

▲ 透過日常照護的好習慣來守護植物健康。

替葉片噴水，容易長新芽

就跟人類的肌膚需要保養滋潤一樣，植物會透過葉片來吸收水分。當枝幹與葉片處於溼潤狀態時，植物較容易長出新芽與氣根。

在原生環境中生長的植物，依靠大自然的雨水或露水來滋潤，但被人養在室內時，就需要我們幫它做額外保溼。一般來說，最理想的做法是每天用噴瓶對葉片噴水，每次噴的水量，約使葉片正反兩面都有細小水珠即可，且每天最少一次。

我建議在上午或白天進行，此外，

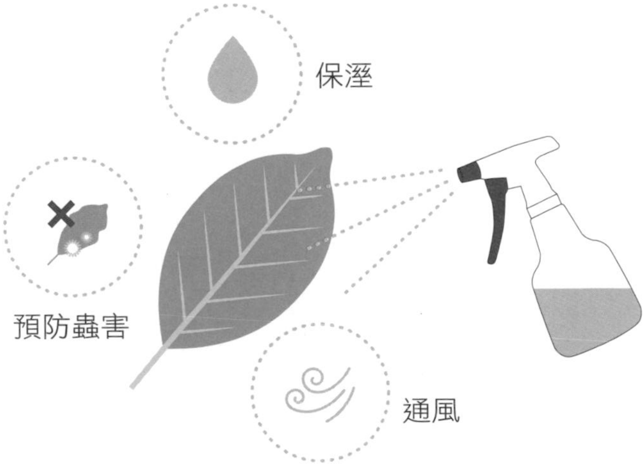

▲ 每天替葉片噴水，能保溼、通風、預防蟲害。
環境乾燥時，可提高噴水頻率。

冬天時為了避免植物凍傷，要注意噴瓶裡的水溫要跟室溫差不多，大概保持在二十度至二十五度之間。

時常**替葉片補水的主要效果是可預防蟲害**。尤其觀葉植物的兩大病蟲害殺手葉蟎與介殼蟲，喜歡生長在乾燥的環境中，葉片保持溼潤，就可以降低蟲害發生。除此之外，替葉片補水也能改善枝葉周圍的空氣流通，讓停滯的空氣產生循環效果，大幅改善通風的狀況。

補水時，可搭配木醋液（按：透過分解蒸餾木材和其他植物所產生的深色液體，使真菌和細菌等微生物難以繁殖）一起使用，噴灑在葉子上，提高預防蟲害的效果，時常為蟲害所苦的照顧者們務必試看看。

● 視季節與環境調整溼度

許多照顧者常誤以為「觀葉植物是副熱帶的原生種，較喜歡相對潮溼的環境」，其實對這類植栽來說，有自己特別喜好的溼度區間。跟人類一樣，過於潮溼或乾燥的環境，都稱不上舒適。

基於上述理由，噴水要適度，最適合觀葉植物的溼度環境約在四〇%至六〇%之間，與人類會感到舒適的生活環境相仿。環境溼度的過猶不及，都會產生副作用，例如**過乾會招來蟲害，過溼則會引發真菌等病害**。

真菌特別喜歡潮溼環境，而植物病害約有九成都是真菌所致，因此在梅雨季更需要特別注意溼度的調控。**一旦葉片上長出真菌，就幾乎無法根治**，請務必善用室內空調或除溼，打造一個黴菌不容易滋長的環境。

照顧植物不需要整天緊張兮兮，只要記住一個大原則：**人對環境的體感狀**

▲ 若環境溼度過高，就不需要替葉片噴太多水。

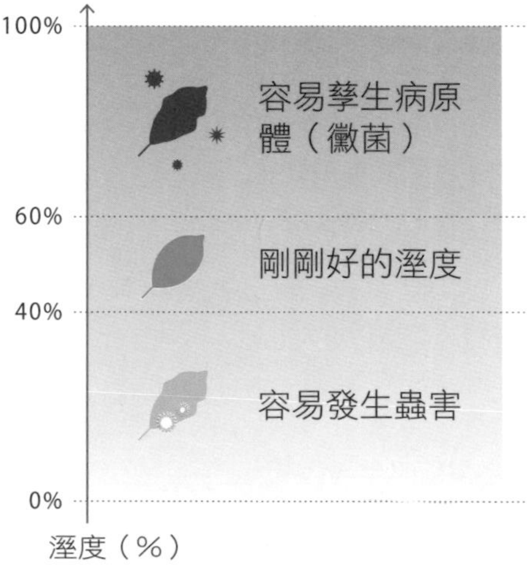

▲ 太乾燥會引來蟲害，太潮溼則會招來病害。

況，對大部分的植物來說也都適用。只要以自己的感官作為標準，如冬天覺得室內太過乾燥時，用加溼器來調整溼度，或室內太潮溼，就開除溼機減少水氣，人類覺得環境舒適，通常植物也會有同樣的感受。

擦掉葉上灰塵，蟲蟲不聚集

就像家裡的灰塵會堆積在地板或層架上，灰塵一樣會累積在植物的葉片上，如果放任灰塵堆積，一會妨礙植物進行光合作用的效率，二會變成害蟲的棲息地、甚至滋生黴菌等。所以建議每週至少擦葉片一次，保持葉片清潔。

擦拭葉片的最佳做法，是用沾溼的衛生紙，輕輕擦正反面，尤其害蟲常會躲藏在葉片背面，可以一邊擦拭，一邊仔細檢查。順帶一

▲ 有些植物的葉片較小，可以放在手掌上擦拭。

提，擦拭時，可使用經水稀釋的木醋液，能有效預防蟲害。

要額外留意的是：擦拭葉片時，請使用一次性的材質，像是用完可立即拋棄的紙巾或衛生紙等，盡量不要使用可反覆利用的材質，如抹布或織品，以免在重複使用的過程中，變成病蟲害的傳播媒介。

●一邊擦，一邊觀察

就像許多飼主藉由定期幫寵物梳理毛髮，留意牠們是否患有皮膚病等問題一樣，定期擦葉片可以助我們及早發現植物是否有病蟲害，並且即時處理，這些都是十分重要的日常照護行為。

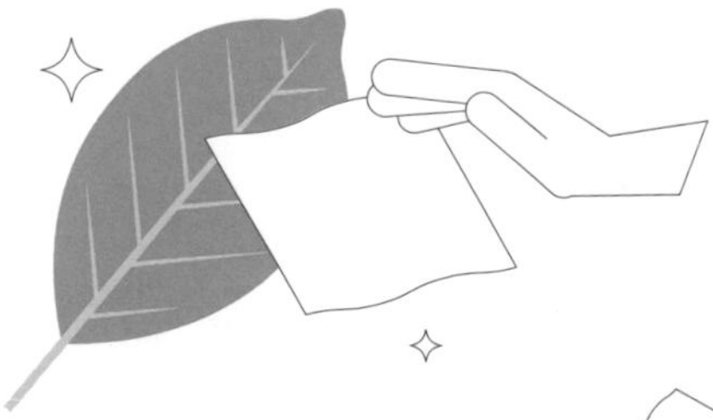

▲定期使用沾溼的紙巾或衛生紙，清潔葉片。

病蟲害是影響盆栽生存的關鍵，只要能及早發現，然後提早防治，植物就會健康且長壽。

再者，觀葉植物的重點在於觀賞，人們自然希望在欣賞時，能看到其蓬勃的一面。定期擦拭植物的葉片，除了能去除髒汙或灰塵，還能讓植物看起來更有生氣，增加人們觀賞時的愉悅程度。如果使用植物專用的葉片清潔劑，可加強清潔效果，使其恢復自然光澤。

經常與植物接觸，有助於我們對它們產生更濃厚的感情。

▲ 住友化學園藝公司的產品，葉片清潔劑「MY PLANTS」，是能讓葉片變漂亮的噴霧。

修剪時，從叉出的枝椏下刀

若植物過於茂盛，光線與空氣會無法穿透到植物底部，不只影響光合作用的效率，也會造成空氣無法對流，讓植物的健康出現狀況。而且枝葉過於茂盛、密集又交互重疊，也會影響新芽生長。所以要適度修剪，去除多餘的葉片與枝椏，讓植物有生長的喘息空間，同時預防病蟲害。

由於多餘的枝葉容易在叉出的枝椏或植株底部蔓延，**修剪時，請從叉出的枝椏或植株根部下刀，讓枝葉數量維持在適當狀態**（見下頁圖）。

就像人們的頭髮太長或太茂密時，頭皮悶熱、不適，會想要梳理、修剪一番，當植物枝葉太茂盛，我們可以大膽剪掉多餘的部分，讓植物恢復清爽，創造出通風良好的生長環境。

葉片間有適當的空隙，能提升噴水效率，讓水分可以均勻沾附在葉片正反面。只要發現**枝葉太過茂密，不分時間、季節，隨時都能動手修剪**。

剪掉根部多餘葉片。

即使新芽長在植株根部，
也能照到陽光。

枝椏底部要適時修剪。

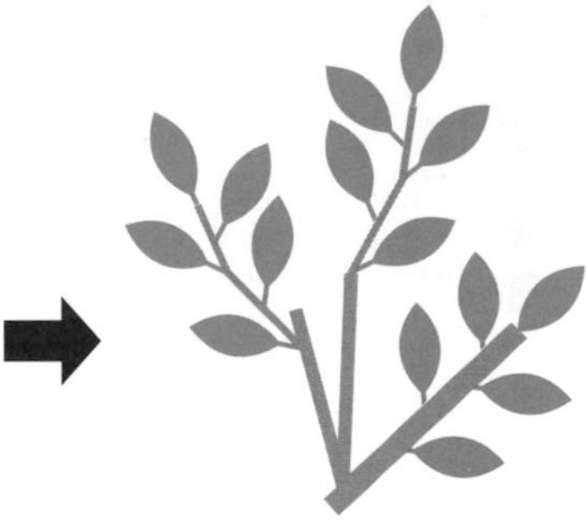

清爽的枝椏能讓空氣流通。

▲ 讓葉片保持適當的空隙，光線與氣流就能通過整株植物。

即時清除枯葉

只要看見枯葉或枯枝，要立刻剪掉（見下圖）。若放著不管，這些地方就會變成植物病蟲害的溫床。

雖然我接觸的案例中，關於植物出現枯葉或葉片變黃等問題占了大宗，但其實大部分的葉片枯黃都屬於自然現象，與植物的健康關連不大。尤其在新芽附近、靠近底部的舊葉逐漸乾枯、變黃掉落，更是自然的新陳代謝所致，甚至可視為植物健康生長的證據。

比較值得注意的，是新芽或剛長出的嫩葉變枯黃，才可能是植物出現異常的警訊，需要盡快讓植物接受健康檢查。而常見的問題是：有些葉片較為細長的植物，如龍血樹或棕櫚科等，容易因空氣乾燥而引起葉片尾端乾枯。不論在原生地或居家培養時，都會出現類似的狀

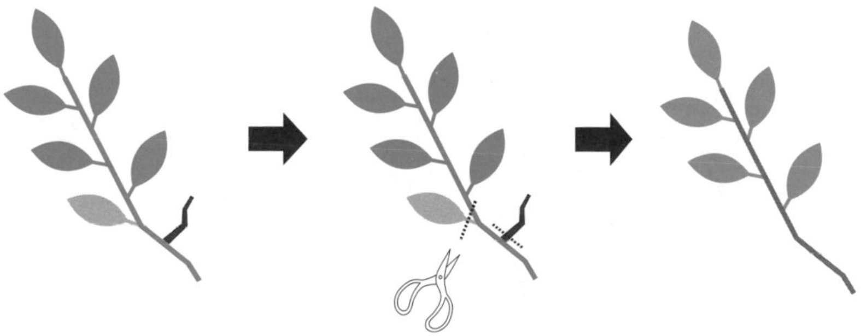

▲ 看見枯葉和枯枝要馬上清除。

況，這是它們本身的特性，因此不必太擔心。如果很在意，可直接剪掉乾枯處（見下方上圖）。但若這些葉片細長的植物，不只尾端枯黃，還向其他地方擴散，要留意可能有別的問題。

有時植物因為營養不均衡或健康出問題，也會從葉片尾端開始變枯，並向其他部位蔓延，假設遇到類似狀況，可修剪乾枯處，並盡快做進一步的檢查（見下方下圖）。

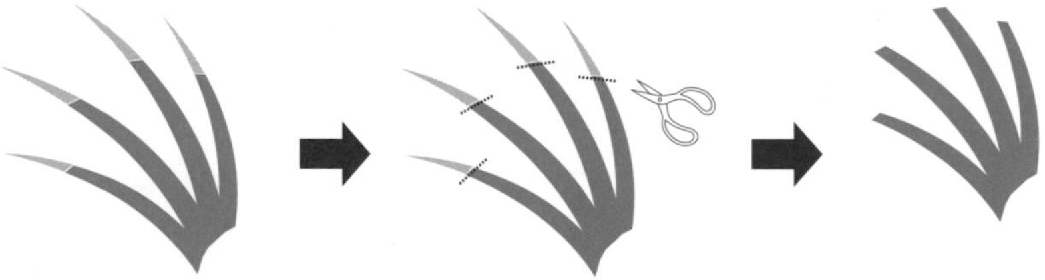

▲ 葉片細長的植物，葉片尾端容易因空氣乾燥而乾枯，可直接剪掉葉尾。

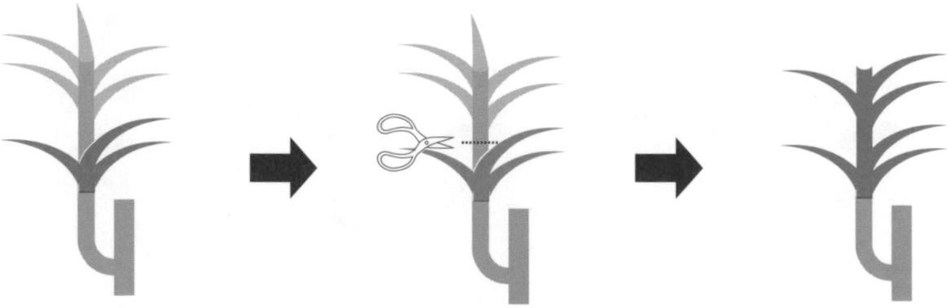

▲ 營養不均或健康出問題，導致其他部位跟著枯萎，可直接修剪，並進一步檢查。

▲ 當葉片的乾枯狀況僅在尾端發生時，多半屬於自然現象。

▲ 嫩葉變黃、枯萎，就表示異常，要做檢查。

▲ 處理複葉植物（植物的葉片由許多小葉子所構成）時，請從葉柄中間下刀修剪。

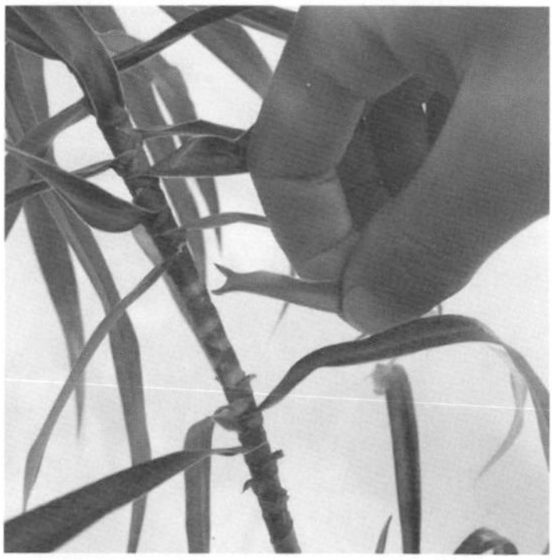

▲ 龍血樹等植物可直接用手掐掉下方乾枯的葉片，即可俐落清除。

每個月一次，幫植物轉方向

適時原地旋轉盆栽有很多好處，像是改善植物周遭空氣流通狀況、確保整棵植物每一面都能均勻照到陽光，所以我建議至少每個月一次，幫植物換一個方向。

我替植物進行健康檢查時，有時會發現其向陽面生長茂盛，而背光面卻因光合作用不足，導致落葉狀況嚴重，幾乎禿了一大半。由於植物會積極的往光源方向生長，如果長時間沒轉換方向，盆栽就會因生長失衡而傾倒。

更動擺放位置，會對植物造成壓力，但若只是原地轉向，就不會造成影響，反而能生長得更健康。

▲ 長時間照不到太陽的背光面，會有落葉。

▲ 向陽面則會產生極端的傾斜狀況。

▲ 完全不轉動盆栽，會導致落葉與樹形傾斜。

▲ 定期轉動盆栽，能讓植物均衡成長、葉片分布均勻。

3　不要急施肥，先補充營養

若植物狀況不好，不要馬上用肥料或藥劑，不妨先使用營養品，讓植物自行恢復活力。

我習慣用「植物的保健營養品」，來稱呼可以供給植物營養的物質。

就像人為了健康，多吃某些食物。如補鈣，喝牛奶；改善疲倦，吃發酵食品；改善貧血，補充鐵質等。

市面上販售各種能改善植物健康的產品，本篇特別介紹四種我常用到的植物保健營養品。

※ 特別聲明：保健營養品不能保證植物健康。

源自於礦物的矽酸液

有機木醋液

天然發酵乳酸菌

熟成腐葉土（自製）

矽酸液，提升吸收效率

矽元素因具有美容及促進健康等功效而廣為人知，對植物來說，它也很有幫助。

矽酸液是白雲母礦石經過高溫溶解後所產生的水溶液，其中富含高吸收率的水溶性矽元素，是植物生成植物纖維的主要成分，能讓根部與莖部變得更加強壯，進而提升吸收土壤養分的效率，並迅速將養分傳遞到各個部位。

矽酸液內含豐富的礦物質，很適合用來強化植物細胞，健康的細胞壁能讓葉片更加飽滿、有元氣，植物因此健康強壯，成為對病蟲害有高度抵抗力的強健個體。

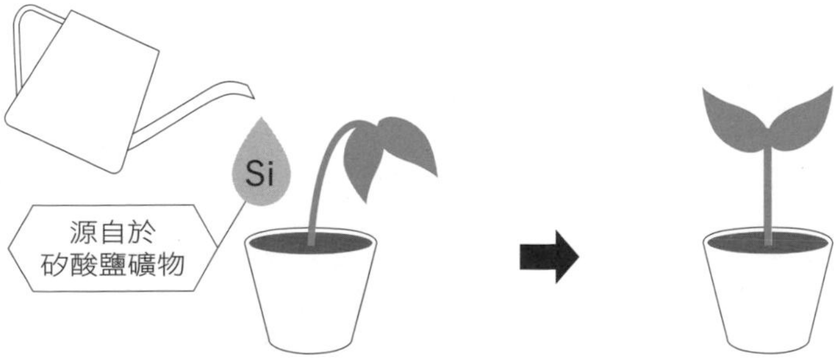

澆水時添加。

為土壤補充
礦物質。

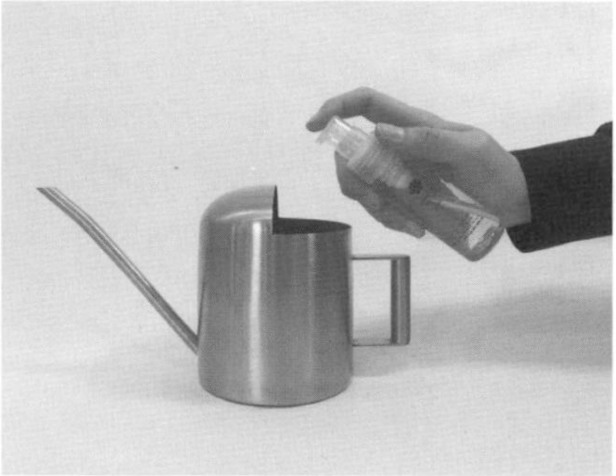

▲ 澆水前，將矽酸液添加在水中。

▲ 讓植物吸收矽酸液，能養得更強壯。

▲ 未使用矽酸液的植株。

▲ 使用矽酸液的植株。
觸摸葉片時，就能從飽滿的葉片張力，感受到明顯差異。

木醋液，抵禦病菌侵襲

在燒製木炭的過程中，將木炭蒸氣反覆蒸餾後所取得的溶液，就是木醋液。由於這些木炭多半出自擁有數十年樹齡的闊葉樹，因此**木醋液可說是樹木的精華**。

據說木醋液含有**多達兩百種對植物有益的成分**，這些成分也能滋養植物益菌及微生物，可抵禦有害病原菌的侵襲、驅蟲防病，自古以來廣泛使用在各種有機農業中，是很常見的植物保健營養品。

木醋液最主要的有效成分，是包含醋酸等有機酸性物質，帶有類似煙燻的獨特香氣，不需要使用其他化學藥劑，就能有效降低植物受到病蟲害的威脅。由於木醋液本身不具殺菌功效，再加上是有機產品，所以就算是有孩童或寵物出沒的環境，也能安心使用。

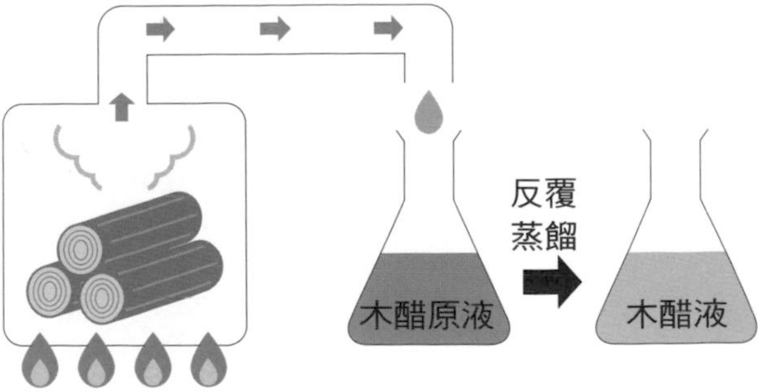

▲ 從燒製木炭的蒸氣中萃取出木醋原液，經反覆蒸餾後，製作出高純度的木醋液。

▲ 對葉片噴水前，可將木醋液添加在水中。

乳酸菌，使根部更好伸展

就像人類會吃優格或喝優酪乳等製品來改善體內菌相（指細菌、病毒、真菌以及酵母所組成的生態系之統稱）、維護腸道健康，在優質土壤中，也不能缺少乳酸菌等有益的微生物。乳酸菌可以抑制土壤中的病原菌、活化菌根菌，大幅提高植物根部的伸展力，**只要根部越強壯，植物就越健康**。

我用的乳酸菌以「天然栽培麴」為原料所製作而成，品質相當優異，甚至可當作一般人的營養補充劑來使用。

由於乳酸菌的主要功能是使植物根部更加健壯，所以若根系爆盆時，則避免使用。

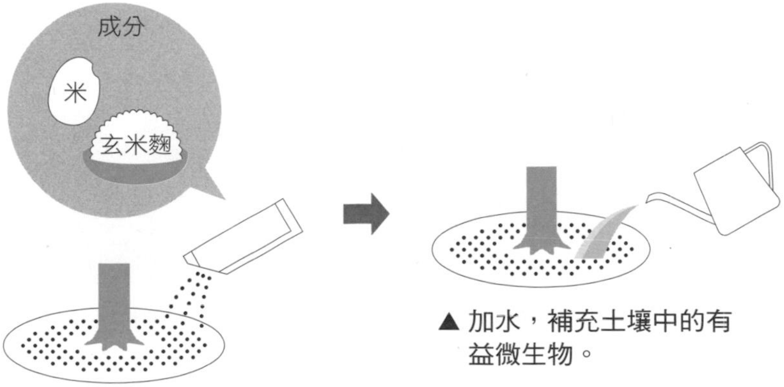

▲ 把乳酸菌粉末撒入栽培用土中。

▲ 加水，補充土壤中的有益微生物。

▲ 將乳酸菌粉末撒在土壤表面，再加水讓它滲透至土壤中。

▲ 使用乳酸菌的植株根部。

▲ 未使用乳酸菌的植株根部。

腐葉土，恢復土壤肥沃

腐葉土是一種能改善土壤肥沃度的植物保健營養品，效果類似緩效性的肥料，能讓土壤結構團粒化，並讓土壤中的微生物更加豐富。定期補充腐葉土，可補充營養給每日流失有機物質的土壤，進而恢復肥沃，還能達到延緩換盆時間的功效。

我自製的腐葉土，是將無添加、不含香料的茶葉渣回收再利用，並使用米糠與乳酸菌進行發酵。每天手動攪拌一次，持續約兩週來熟成，接著將發酵完成的腐葉土揉成球狀，在太陽下曝晒約一週，待完全風乾後即完成。

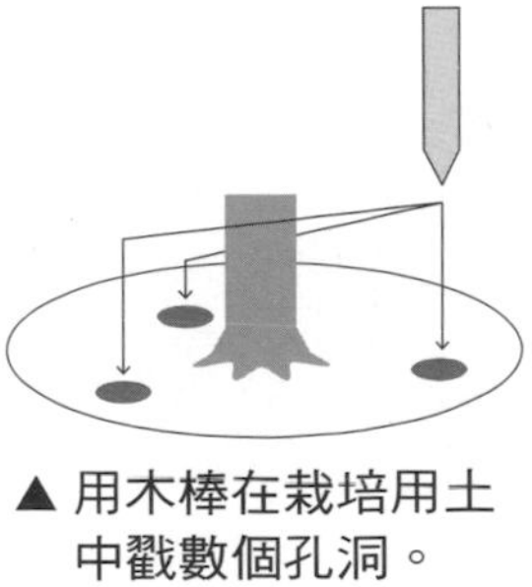

▲ 用木棒在栽培用土中戳數個孔洞。

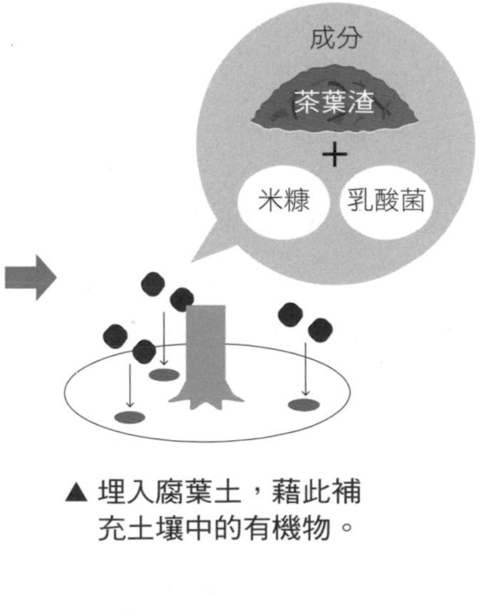

▲ 埋入腐葉土，藉此補充土壤中的有機物。

▲ 把使用過的茶葉渣和米糠、乳酸菌混在一起，接著發酵成腐葉土。

▲ 發酵需要靠手工與時間。

▲ 均勻的埋入土壤中。

比起施肥，不如換盆

有些照顧者認為盆栽狀況不好時，只要施肥就能改善。但根據我的經驗，植物的問題往往不是養分不夠，許多培養在室內的觀葉植物，甚至幾乎不需要施肥。

因在市售培養土中，大部分的基肥（按：基本肥料，也就是在植物播種、移植前施用的肥料，提供生長期所需要的基礎營養）都已包括緩效性的有機肥料與化學肥料，會緩慢釋放相對應的營養成分，可能經過好幾年，土壤養分才會枯竭。因此，**當土壤貧瘠到需要施肥時，其實更好的做法是替植物換盆**，重新給予新鮮的土壤。

使用肥料的時機，**要看盆栽實際生長狀況而定**，例如開花或結果期間，由於耗費能量較高，此時就有必要補充肥料，又或是產銷觀葉植物的業者，為了生產效率，可施肥促進生長。

影響土壤肥沃度的因素，不單只有施肥，還包括土壤中的團粒結構，以及土壤是否富含腐植質等。就像人類若用錯藥，會讓身體出現問題，如果不當施肥，同樣會讓植物變得虛弱。施肥與否需看實際狀況而定，請大家根據植物的需求與目的，去考量是否替植物追加施肥。

專欄

肥料的營養成分

植物生長時，最需要的九種營養元素分別是：碳、氧、氫、氮、磷酸、鉀、鈣、鎂、硫。碳、氧、氫可透過空氣與水來取得。氮是植物構成蛋白質和葉綠素等的主要成分，也被稱為葉肥。磷酸則是構成植物細胞的主要成分，且跟新陳代謝有關，會影響開花與結果，因此被稱為花肥。

鉀能促進植物體內進行各種化學反應，如協助光合作用等，由於它有助於根、莖部生長，而被稱為根肥。又因為植物對於氮、磷酸、鉀的需求量特別大，因此將其合稱為「肥料三要素」。

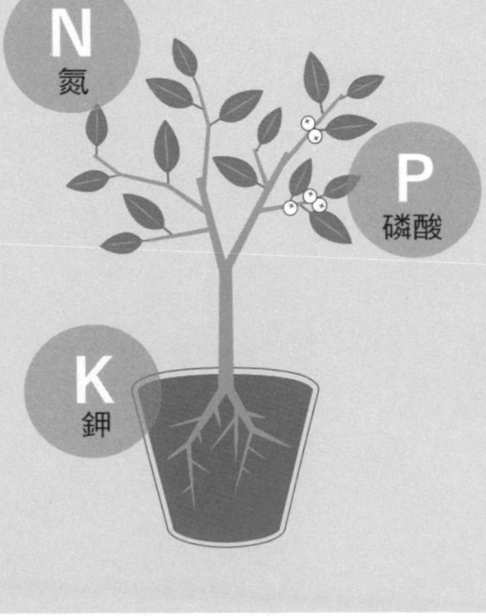

4　換盆，不能傷到根部

換盆，就是打破原本的環境，讓植物面對不確定的新環境。

由於根部會與菌根菌等各種微生物形成共生關係，所以換盆前，最好先諮詢專賣店，避免傷害植物。

此外，植栽在面對新環境時，會產生巨大壓力，需要耗費極大的能量來適應，有不少植物都因換盆而影響健康。

但對照護者而言，換盆是一種樂趣。所以我只能提醒大家，在換盆時要格外留意，千萬不要損傷根部。

一般來說，大部分植物換盆時機，是氣候溫暖的春季到秋季之間，至於觀葉植物，只要處在室溫高於二十度的環境，不管在什麼時候都可以換盆。

是否換盆，可依以下狀況來判斷：

●栽培用土是否貧瘠

土壤貧瘠的幾個指標是：團粒結構崩壞、保水度與透氣性相形惡化，或腐植質枯竭，進而導致土壤中的微生物減少，影響植物吸收養分。

因此，為了保持栽培用土的養分與肥沃程度，建議每二至五年換盆一次（確切換盆的間隔時間，會受周遭環境

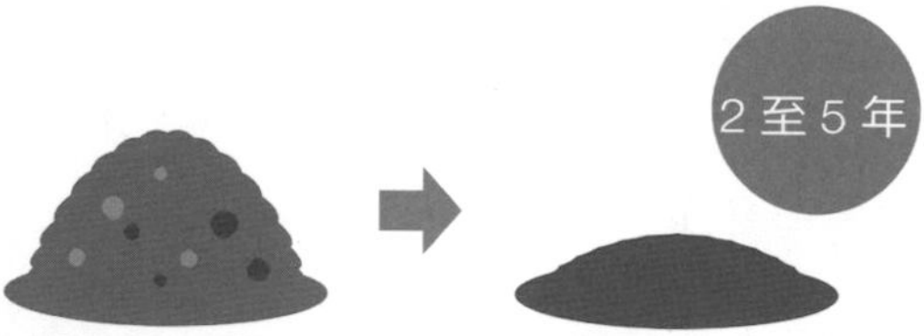

▲ 土壤劣化變硬，表示土壤的腐植質已枯竭。

▲ 新鮮且肥沃的土壤，摸起來鬆鬆軟軟。

與照顧方式等條件影響）。

●根系爆盆

當植物根系從盆底竄出，且出現新芽發育不良、葉片尾端枯萎等狀況時，極可能是盆栽內已布滿根系，有些甚至會撐破盆栽或從盆栽縫隙中冒出來。此時，就需要將植物換到大一點的容器中，或利用換盆時剪掉多餘的根。

要注意的是，培養在戶外的一般植物與培養在室內的觀葉植物，其根系強壯程度不同。如果是戶外植物，可大膽的修剪過度蔓延的根，但對待室內的觀葉植物，修剪時要非常小心，以免傷及主根。

▲ 盆栽內塞滿根系，有的甚至從盆底竄出。

▲ 根過度生長，會擠壓在一起。

●植株生長狀況超過盆器

植物長大時，有可能會超過盆器容納或讓盆栽的重量分布不均，此時可透過修剪，減輕植株與盆器的負擔。

但如果植物不易修剪或者是想為植物分株，就只能更換盆器。特別像是虎尾蘭或黃金葛等，可以用地下莖進行繁殖的草本植物，只要分株，就可以換盆來培養。

換大盆器，能讓植物長得更大嗎？

在庭園裡或養在戶外的植物，根能深深

植物的生長讓盆栽重量分布不均。

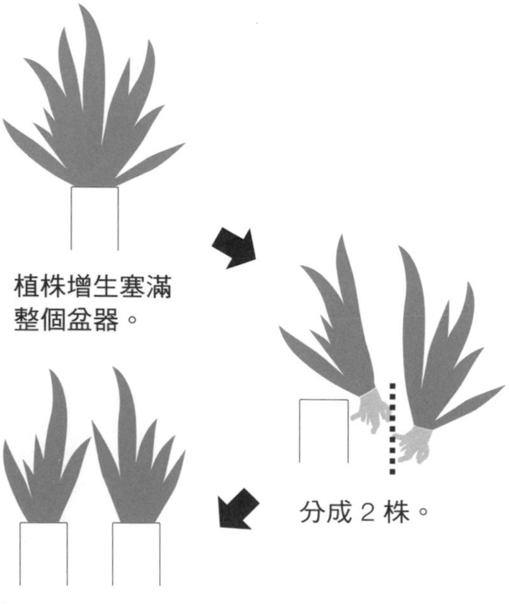
放入不同的盆器中培養繁殖。

扎在大地，有了根部的堅強基礎，根莖與枝葉也會相對的強壯。

所以有些照顧者認為，透過換盆讓植物擁有更大的生長空間，就可以長得更大。但我不建議這樣做，畢竟養在盆栽中的植物與養在庭園裡的，生長環境不一樣，受到的生長限制也不同。

養在盆栽中的觀葉植物，生長環境受到盆器的限制，就算改換成比較大的盆器，也長不出粗壯枝幹，不論過多少年，頂多長出一些新芽或新枝椏，也許體積稍稍變大，但枝幹還是相對纖細瘦弱。因此，如果想擁有大一點的植栽，一開始就要選好自己想要的植物尺寸，不要期望把小植栽養成大尺寸。

選購之後定期進行修剪，讓植物維持在適當的大小，才養得出健康強壯的植物。

立式固定法

我家有一套代代相傳的獨門換盆技術，叫做「立式固定法」，簡單來說，就是改良園藝界為了保護植物根部所使用的「根極固定法」——換盆時，先加入少量土壤，並一邊搖晃盆器，一邊用手指一點一點夯實（按：使土壤受到振動後更加密實）栽培用土，接著再添加少量栽培用土，重複上面的步驟。

這麼做可排除土壤中多餘的空氣，使植物根部與周圍的栽培用土緊密結合，而變得更加穩固。如此一來，就算搖晃盆栽，土也不會因此鬆動，可避免植物根部受傷。

一般使用根極法在固定植物時，只會添土、夯實一到兩次，而立式固定法則會重複五到十次。

有些人問：「植物經過多次的推壓，會不會造成根部損傷？」事實上，盆栽底部有團粒結構緊密的栽培用土作為緩衝，所以植物不會因多次推壓而受傷，這一點大家盡可放心。換盆流程見一二五頁至一二九頁。

換盆流程

❶ 先鋪底網，再放日向石

在有排水孔洞的盆器底部鋪上底網後，放一層日向石（博拉石）。數量依照植物特性與根部型態來調整。

若盆器較小，約鋪一公分高即可。日向石有良好的保水性與保肥性，當襯底，可更順利排水與透氣，避免積水。

❷ 鬆開土壤，取出植株

先用木籤等工具鬆開土壤，接著輕敲盆器邊緣，將栽培用土與盆器分離，最後從舊盆中取出整棵植株（含根部沾附的土壤）。

若強行將植物從盆器裡拔出來，可能會造成細根斷裂、甚至傷及主根，逼不得已時，可破壞盆器，藉此取出植株。

❸ 同時檢查土壤狀況

通常在換盆時，栽培用土的團粒結構多半崩壞，腐植質也可能流失殆盡，這樣的土質會影響植物健康，要盡可能清除乾淨。換盆時可一邊鬆開根部沾附的土壤，一邊檢查土壤狀況。

該步驟盡量在最短時間內完成，避免根部暴露在空氣中，以減少植物的壓力。

❹ 盆栽底部放培養土，再放植株

在鋪好日向石的盆器底部覆蓋培養土，厚度可依據植株根部的尺寸來調整，接著將植株輕輕放進來。

一般來說，當植物完整固定在盆栽中時，培養土的表面距離盆器上緣約 2 公分，多出來的空間可放置其他覆蓋物。

❺ 一邊放土，一邊晃盆器

固定植株時，先將其輕輕放進盆器內，並逐次添加少量的培養用土，一邊晃動盆器，一邊用木籤撥勻培養土，讓土壤可以完整填滿植物根系。

撥動土壤時，可沿著植株邊緣移動，注意不要傷害到根部。

❻ 用手指夯實土壤

覆蓋好一層培養土後，記得用指腹夯實根部的土壤，藉此排出多餘的空氣，使土壤填滿盆裡減少不必要的縫隙，操作時請將注意力集中在指尖與指腹，控制好力道，以免壓斷細根。

夯實過程中，可微調植物的角度與方向，等根基穩就可以停止這個步驟。

❼ 重複第 5、6 步

每次添加少量的土壤，並重複第 5 步和第 6 步，重複次數可視盆器與植株大小而定，一般來說約以重複 5 至 10 次為標準。

只要做到植物根部完全固定在盆器裡，用手輕推，植物也不會傾斜即可。

❽ 土的表面撒上乳酸菌

在培養土表面撒上適量的乳酸菌粉末，用稀釋矽酸液後的水溶液將植物完全淋溼，讓乳酸菌充分溶解。

由於冷凍乾燥粉末狀的乳酸菌在遇水後會開始發揮作用，所以此時盆栽要補充的水量，須達盆器約 1/4。

❾ 培養土表面鋪覆蓋物

在盆栽的培養土表面，另外均勻鋪上約 1 公分厚的無菌赤玉土，作為覆蓋物。

因為無菌赤玉土能隔開培養土中的腐植質，避免小蟲在盆外出沒。

❿ 把盆器擦乾淨

收尾之前，可在無菌赤玉土上另外覆蓋一層苔蘚片（乾燥的苔蘚），有了雙層的隔絕與覆蓋，就能讓盆裡的小蟲從我們的生活空間隔絕，也可以增添自然氛圍。

最後把盆器沾染的汙土擦拭乾淨，即完成換盆。

▲ 植物換好盆，穩穩的固定在盆器中，展現出優雅挺立的姿態。

5　碰到病蟲害，別馬上用藥

病蟲害就是指病害與蟲害等兩種。觀葉植物出現異狀時，除了先判斷究竟是病害或蟲害，建議採取「先排除病灶，用藥次之」的對策。

如果是蟲害，就盡快捕滅害蟲；若是病害，則立刻修剪受影響的部位。只要及早發現和治療，植物通常能痊癒。

病蟲害的種類繁多，有時連專業人士也無法迅速判斷。所以照顧者千萬不能憑感覺臆測病因，更不要自己動手排除，以免對植物造成更大的傷害。要是無法掌握狀況，請直接諮詢專門店家。

植物發生蟲害初期，要立即處理。因為這時的害蟲數量不多，只要滅捕蟲子，通常能解決問題。但如果等到害蟲數增加，在植栽內部築巢繁衍，甚至演變出有利害蟲生存的生態系時，就只能尋求專用藥劑來解決。

雖然近年來因各家環境用藥業者的持續投入與研究，藥力與效率都明顯提升，但有些藥劑除了滅除害蟲，也對植物產生一定程度的傷害。再加上用藥過度容易導致病蟲害出現抗藥性，必須不斷增加用藥量，才能維持原本的效果，這可能會進一步破壞環境平衡，導致陷入無止境用藥的惡性循環。

用藥時，盡可能維持在最低限度就好。

不是所有的昆蟲都是害蟲

世上有各式各樣的生物，但不是所有生物對植物都會產生威脅，有的反而有益，我們稱其為益蟲，其中最著名的應該是蚯蚓。

提出「進化論」的科學家達爾文（Charles Darwin）曾研究蚯蚓，在長達四十年的觀察中，他發現蚯蚓的活動軌跡與排泄物，能有效促進土壤中的團粒結構，進而形成品質優良、適合植物的用土，甚至達爾文在晚年還發表了一本與蚯蚓有關的研究著作（見下圖）。

其他一些會讓人不舒服，但是對植物無害的生物，我稱為「嫌惡小蟲」，而我對於這類嫌惡小蟲的立場，是「如果對植物沒有害處，那就共生」。

嫌惡小蟲跟達爾文的研究結果類似，植物的生長環境中有牠們存在，會因為其活動、排泄物或殘骸等，為土壤提供天然的腐植質，甚至還能幫忙鬆土，增加土壤的排水與透氣性，或多或

《蚯蚓與土壤》（*The formation of vegetable mould,through the action of worms*）
作者：查爾斯．達爾文

《達爾文的蚯蚓研究》
作者：新妻昭夫
插畫：杉田比呂美

少為植物帶來幫助。雖然牠們讓人反感，但只要使用覆蓋法，把牠們跟人隔開，就不會有感受問題。

除了昆蟲等生物，許多真菌類的微生物，對植物也會產生好壞不一的影響，例如在前文介紹過乳酸菌，其他類似還有製作藍紋起司的「可食用黴菌」等。我們一樣要辨識微生物對植物的影響，尤其要預防與消除對植物有害的病原真菌，但也不能忽略植物與微生物之間的平衡共生關係。

常見的害蟲與益蟲

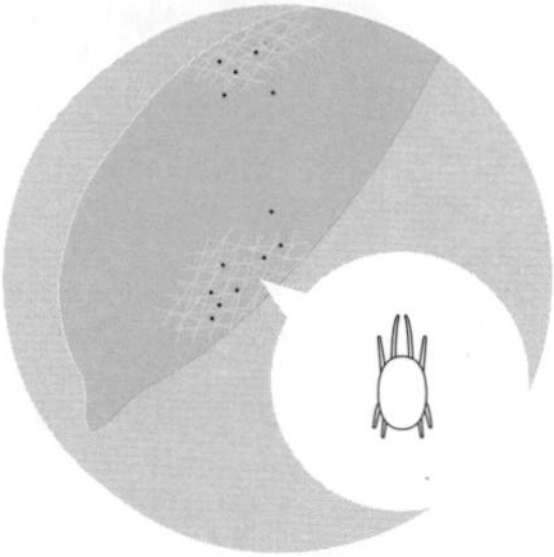

● 對植物有害

葉蟎：體型極小，幾乎難以用肉眼看見，牠多半會附著在葉片背面吸收養分，導致葉子出現粉狀斑點。葉蟎群聚時，還可能會在葉上產生像是蜘蛛絲般的網狀物。若植物受到葉蟎侵擾，依據蟲害的程度，會導致葉片顏色變淡、出現白點花紋狀

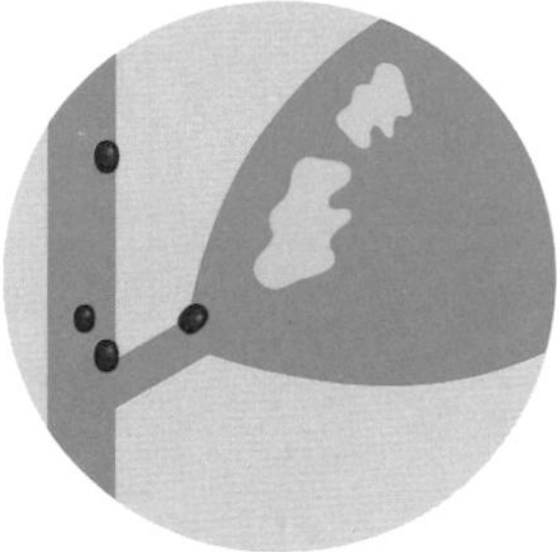

或葉片變白、黃等。可直接使用沾溼的面紙或紙巾擦拭葉片背面，即可一定程度的驅離、消滅葉蟎。

介殼蟲：體長約僅〇．二公分，蟲體身上覆蓋著茶褐色的外殼或蠟質，會附著在植物的枝幹與葉片上以吸取養分。介殼蟲會分泌黏液，使葉片變得黏膩，而這些黏液會滋生黴菌，進一步導致植物的病害。可以用刷子等工具來驅趕消滅介殼蟲，也要記得用沾溼的面紙，把介殼蟲的黏液擦乾淨，以絕後患。

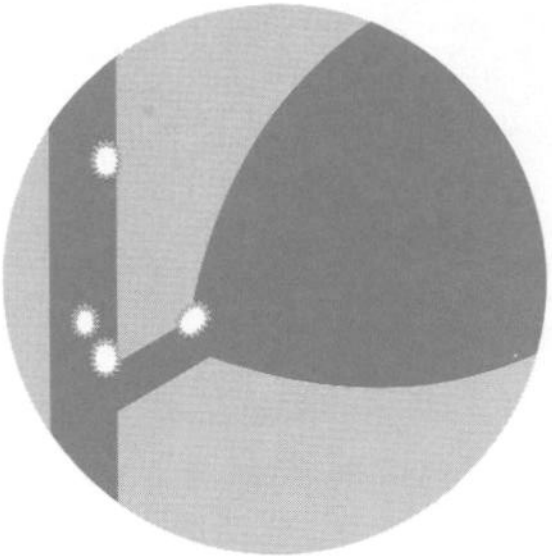

粉介殼蟲：介殼蟲的一種，差別是粉介殼蟲的外觀看起來，有一層蓬鬆的白色絨毛。粉介殼蟲通常出沒在新芽或葉脈上，又由於活動範圍比較隱密，通常容易被忽略。一旦發現，建議使用沾溼的面紙擦拭葉片。

炭疽病：炭疽病是由黴菌類的病原，也就是真菌所引起，一開始會在葉片上形成黑斑，然後不斷擴大，最終導致整片葉子變黑枯萎。由於植物只要一感染炭疽病，枯萎、變黑處就無法復原，所以一定要把感染的地方全部剪掉，以免蔓延到整株植栽。

在梅雨季等潮溼的環境下，容易誘發炭疽病，建議透過改善通風、加強除溼等方式來防治。若想避免炭疽病復發，則可以噴灑木醋液，也有一定的效果。

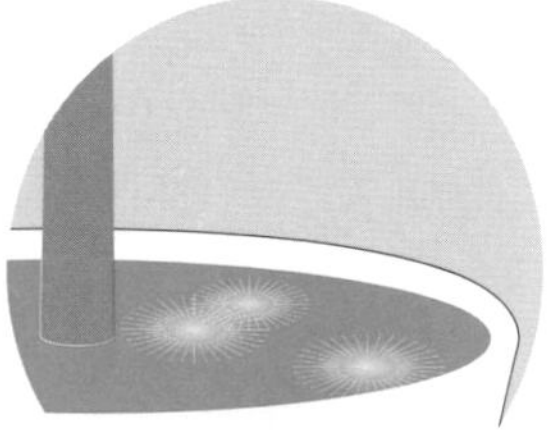

● 對植物無害

白黴：有時土上會出現逐漸擴大的白色蓬鬆黴菌，這種白色黴菌喜歡富含腐植質且營養成分豐富的栽培用土，尤其容易發生在陰暗、通風不佳且高溫潮溼的環境，但是對植物本身幾乎不會有任何不良影響。如果不喜歡，可以把長出白黴的區塊挖除，並加強通風與除溼，也可以噴灑木醋液來防治。

蕈菇：有些盆栽可能會長出白色或黃色的蕈菇類植物，這些蕈菇對盆栽本身不會有什麼不良影響。其中最常見的是「純黃白鬼傘」，外觀特徵是鮮豔的黃色，主要生長在如沖繩等副熱帶地區，喜好高溫潮溼的環境。如果照顧者不喜歡，一樣可以把長出蕈菇的區塊整個挖除，並噴灑木醋液，改善通風與潮溼的環境，就能減少發生。

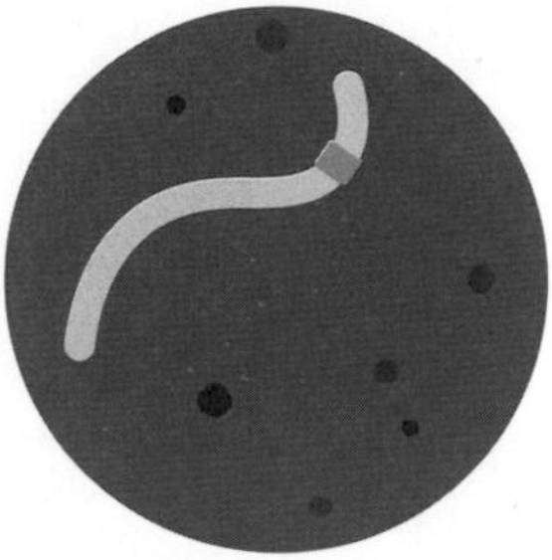

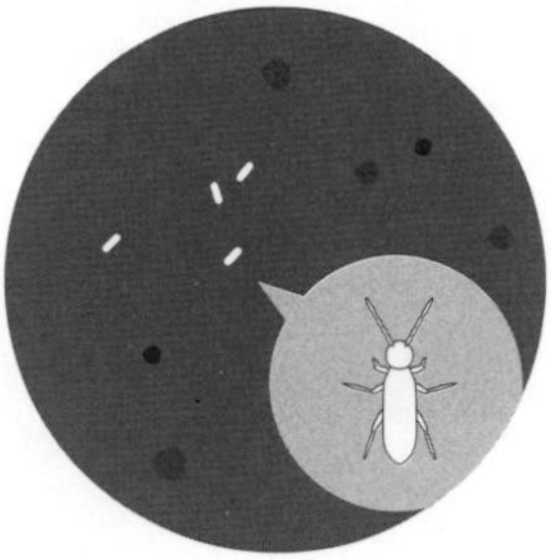

蚯蚓：有句日文俗諺是：「有蚯蚓的土壤，就是最肥沃的地方。」不管對農作物或植物，蚯蚓都是最常見的益蟲。蚯蚓會吸收攝取土壤中的有機物，產出對植物而言富含營養的排泄物，進而改善土壤的團粒結構。順帶一提，有人把蚯蚓的排泄物拿來當作有機肥料販售。

彈尾蟲（跳蟲）：這是一種會幫忙翻土的益蟲，體長約〇・一公分，外觀為白色或銀色，不會飛、也沒有翅膀。彈尾蟲會在土壤裡活動，促進分解土壤中的有機物，尤其喜歡生長在悶熱、潮溼的土壤環境中。如果不想看到彈尾蟲，可以讓栽培用土保持乾燥，就能降低蟲子出現機率。

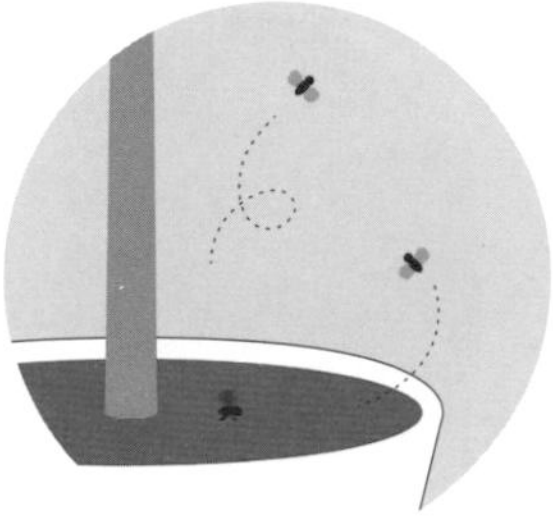

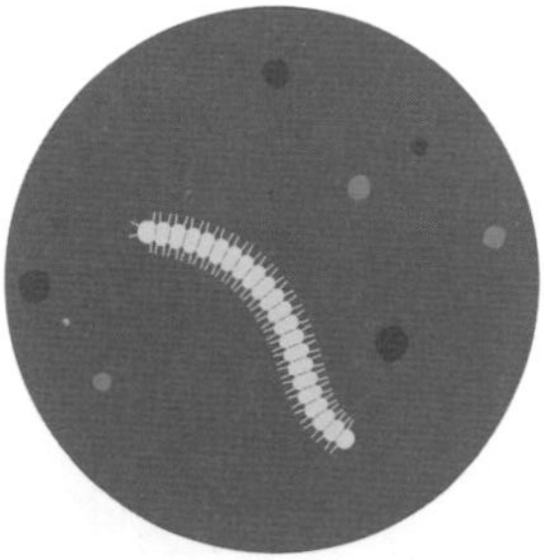

馬陸：因外型與蜈蚣相似，常被人類誤認為是蜈蚣，但馬陸不太會咬人，而且會幫忙翻土。馬陸擁有跟蚯蚓類似的特性，能為土壤提供富含營養成分的排泄物，跟彈尾蟲一樣喜歡生長在悶熱、潮溼的土壤環境中。如果不希望看到馬陸，只要栽培用土保持乾燥即可。

● 對植物無害，但令人嫌惡的小蟲

果蠅：體長約〇．二公分，幼蟲期生長在土壤中，羽化後有飛行的能力，對植物的影響不大，喜歡富含腐植質且營養成分豐富的栽培用土、也喜歡潮溼、悶熱的土壤環境。如果不希望果蠅出現，土壤要保持乾燥、避免果蠅滋生，或乾脆用無機質的覆蓋物，把植栽的栽培用土蓋起來。

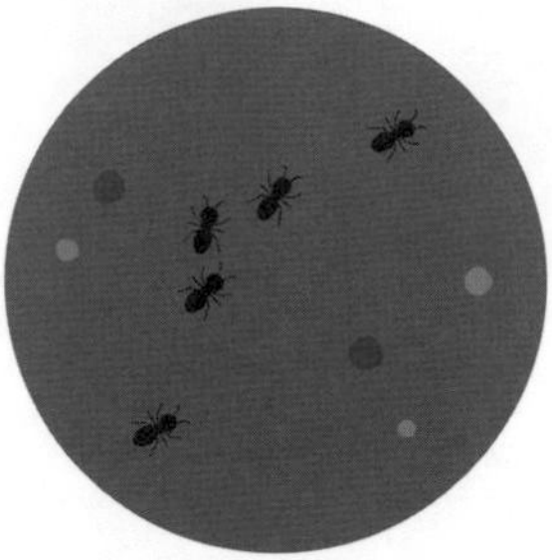

螞蟻：螞蟻在土壤中活動、生存，對植物幾乎沒什麼不良影響，還有一種說法是，螞蟻為了從植物身上採集花粉、花蜜，會保護其免受其他害蟲的侵擾。出現螞蟻的成因不明，因此沒有藉由改變環境來解決該狀況的防治方法。不過市面上有販售專門消滅螞蟻的藥，除了藥效不錯，對植物的傷害也相對較小，如果真的無法接受螞蟻存在，可以使用這些藥劑。

蜘蛛：出現在觀葉植物上的蜘蛛，多半屬於不會結網的徘徊性蜘蛛，牠們會在植物周邊漫遊並伺機捕捉獵物，基本上不會攻擊人類、對植物沒不良影響。

再加上蜘蛛可以幫忙驅除壁虱、蒼蠅等害蟲，如果沒有特別嫌棄，可讓牠以益蟲身分存在。但若真的不想看到蜘蛛，只要改善陰暗的環境即可減少其出現機率。

植物哲學筆記

蒔居生活的最佳療癒

我跟動物之間有著很深的緣分。除了家裡養狗，還有親戚世代都經營寵物店、診所及動物園周邊服務與產品等相關事業。又因住得近，所以我常常跟親戚家的動物互動。或許是生長在這樣的環境，我對寵物相關產業有著濃厚興趣，甚至會把寵物產業當作園藝事業發展的指標，作為產業未來發展的參考。

例如「把寵物當成家人」的觀念，在現今社會中相當普遍。不過，「寵物的地位從何時開始提升？」我認為釐清這個問題，有助於自己及許多園藝產業相關人員，可以用更高層次來思考人類與植物的關係，以下就是我的觀察。

只要能陪在身邊

國際寵物用品展覽會是全日本規模最大的寵物產業展售活動，自二〇一一年開始，每年春天在東京國際展示場舉辦，並以「為人類與寵物提供優質的生活方式」為舉辦宗旨。其展示範圍包羅萬象，從各式各樣的寵物用品，如食品、服飾、飾品、室內用品、休閒設備等，到各種類型的服務，如美容、健康、護理、醫療、保健等應有盡有。在這之中，我會特別留意針對寵物所推出的新服務或商品。

我發現，寵物產業有「Human-Grade」（與人類相同標準）的趨勢，舉例來說，與人一樣追求有機、無添加食品，有專為寵物設計的低脂肉品與健康發酵食品等，甚至有健身房或高壓氧氣艙等設備，並建議寵物最好每年做兩次健康檢查。這種種現象都顯示，人們不只把寵物當成家人對待，寵物甚至享有比人類更全面與高級的服務。

這對十幾年前或觀念上比較保守的人們來說，是個無法想像的世界。

「寵物就是家人」這股趨勢在我的觀察中，約在二〇〇〇年開始形成的，我認為有五個主要原因：居家化、小型化、長壽化、擬人化、以及無能化所致。

前四點是由日本寵物護理用品的龍頭企業嬌聯（Unicharm）公司提出，就如同字面上的意思，應該不難理解；至於無能化，則是我自己觀察的結論，但它代表什麼意思呢？

美國暢銷書《我們為何成為貓奴？這群食肉動物不僅佔領沙發，更要接管世界》（*The Lion in the Living Room: How House Cats Tamed Us and Took Over the World*）作者艾比蓋爾．塔克（Abigail Tucker）指出，「在所有與人類共同生活的動物中，貓可能是最沒有實際用途的動物」。

這個說法引起了我的興趣，畢竟回想人類的文明發展史，人們一直都透過飼養等方式，把對人類「有用」的野生動物馴化為家畜，例如牛，可以從牛的身上獲取牛奶、牛皮或牛肉；養羊能獲取羊毛；馬能幫助人類長途移動等。當初人們養狗或養貓，也是為了讓狗看門、讓貓獵捕老鼠。

但現在這些被當作寵物的動物，沒有飼主期待牠們忠誠的守護家園或展現高超的獵捕能力。儘管有人想要訓練狗，聽從指令完成一些動作或才藝，但對大部分的貓奴而言，貓只要負責可愛就好。大家一樣十分歡迎且疼愛這些動物，單單只因為牠們可以陪伴在我們身邊。

換句話說，人類並不需要動物很有用才寵愛牠．講得更過分一點，人類越溺愛的動物，就演化得越無能。疼愛，讓我們毫無保留的接納牠們成為家庭的一員。如同我們對待家人一樣，只希望他們給予陪伴，填補我們所渴望的人際情感，而這也是一切家庭與人際關係的關鍵所在。

有用或無用，是基於利害關係的考量，超越這層關係後，才能創造出如同家人一般的緊密連結。

寄託感情的新選擇

「把寵物視為家人」跟觀葉植物有什麼關係？

自從新冠肺炎爆發後，觀葉植物的銷量出現爆炸性成長，主要是因為人與人的接觸受到限制，但我們仍需要情感的寄託與陪伴，才會把這樣的心情投射在植物上，並期待在繭居的隔離生活中，獲得療癒。

尤其對園藝相關產業來說，為了避免民眾群聚、造成疫情擴大蔓延，許多公開活動如婚禮等，都配合各種防疫措施而取消或暫停。這種現象，無疑對園藝產業造成重大的營運衝擊，而此時觀葉植物熱賣，對相關產業從業人員而言，就像抓住浮木與救生圈。甚至連我的觀葉植物專門店，也曾因前來選購植物的人潮眾多，需要限制入店人數。由於使用照護服務的消費者暴增，有時一整天的求診人潮，到打烊也處理不完，幾乎是開業以來頭一次遭遇到這種盛況。

新冠肺炎疫情成為人們把盆栽當成情感寄託的催化劑，人們因為防疫在家，與植物相處的時間變長，對它就產生了如同家人一般的情感。話說回來，就算沒爆發疫情，觀葉植物也完全符合「成為家人般的存在」五大要素：

- 居家化：觀葉植物適合放在室內空間。
- 小型化：存在感強烈又醒目的大型植物過去較受歡迎，但因為人類生活空間有限，中小型植物漸漸開始受到關注。

- 長壽化：植栽只要透過正確的養護，壽命就有可能比人類還長。
- 擬人化：許多照顧者常把自己養的盆栽稱為「這孩子」。
- 無能化：觀葉植物只具有觀賞與陪伴的價值，沒有任何實際用處。

所以植物受到人的關愛，並且被賦予家人般的地位，也就理所當然了。

植物的安寧與善終

二〇二二年，我在植物照護服務中增加一個項目，叫做善終關懷（Grief Care）。簡單來說，就是替照顧者處理各種因枯萎或難以繼續生存的植物，它們經過處理後，在土壤中成為新的肥料，繼續提供其他植物養分，藉此開啟新的生命。我們將這些循環利用後的肥料，稱之為「重生土壤」（Reborn Soil）。

主要的處理程序是：將收到的植物放在陽光下晒乾，完全去除水分後，送入專用的研磨機中徹底絞碎植物纖維，接著把細碎的植物殘骸放入自製的腐植土中，透過微生物進行分解作用。整個過程約六個月到一年，才能讓植物遺骸完全轉化為可利用的堆肥。

只要仍有存活的可能，我們就會盡力提供相關照護，甚至為消費者提供回收植物的配套服務，讓每一株植栽都能被妥善的照顧與對待。雖免不了有一些不管怎麼搶救，卻還是枯萎死亡的不幸植物，這讓我總是對於自己的無能為力感到愧疚。

對每個照顧者來說，植物是重要的家人，難道只能任由它們死去而被丟棄嗎？為此，我想到了這個方法，將枯萎的盆栽轉化成堆肥，藉此追悼它。這項服務推出後廣受好評，不論是使用這項服務的消費者、園藝專賣店及產銷農園等，都可以使用這些經過堆肥而再生的重生土壤，讓我們對這些家人般的植物所投注的情感，也能像鏡子一樣，照映在下一株植物上，蓬勃成長。

總而言之，觀葉植物在都市水泥叢林中陪伴我們，相信未來也會有越來越多觀葉植物加入人類的生活，成為家庭一分子，值得我們更用心的去對待。

第3章

高手的修剪祕笈

如何修整出漂亮的外觀？

太好了！多虧川原先生，植物又恢復精神了。
但現在枝葉太茂密了……。
應該要稍微修剪一下！
但從哪個位置下刀才好呢？
店家裡的植物都好有型喔！怎麼做才能讓盆栽看起來美觀呢？

終於
來到這個階段了。
植物照護高級篇！
川原先生？
就讓我來告訴你吧！
以「花道」為基礎的修剪祕訣！

1　修剪，就是與植物對話

有些人覺得，植物長得好好的又沒出狀況，沒必要剪掉枝葉。事實上，就像我們會定期到髮廊整理頭髮，植物也需要每年按時修剪。

每年只要一至兩次、適度的修剪枝葉，植物就能更有生氣。

有人問：「就算植物很健康，也要修嗎？」沒錯，因為放任枝椏隨意生長，反而會對植物產生不良影響。

為了保持健康與美觀，修剪是植物照護不可或缺的重點之一。

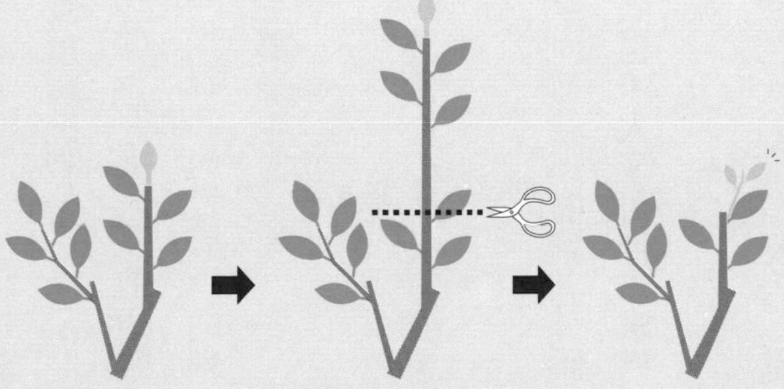

以植物照護的服務概念來說，修剪的本質在於創造「可塑性」。因為植栽擁有柔軟的彈性，可以靈活應對不同的環境變化，因此不同的修剪方式，能讓它們呈現不同的樣貌，哪怕這次修剪結果不盡理想，也能等待植物長出新葉後，再度重新挑戰。

尤其我們在種植過程中，常因一時不察，而引發出現各種狀況，但絕大多數的問題，都可以透過修剪來處理，讓植物有重新開始的機會。因此如果說修剪是照護的精髓，一點都不為過，甚至我們還可以說，這就是照顧觀葉植物的主要樂趣之一。

修剪分成健康、美觀兩類。

以健康為主的修剪，我們在前文已有詳細說明。在本章節，我們會介紹怎麼剪能讓植物看起來美觀。

話說如此，其實這兩種修剪方式經常相互影響。為了盆栽健康而剪裁，能讓其外觀變好看；為了使植物變美觀，最終也能讓它變得健康，兩者互為表裡，大家可依需求搭配使用。

包括人類在內的各種動物，常會被健康茁壯的植物所吸引，甚至人們常會覺得，健康且生長茂密的花草樹木，就是美的象徵。這極有可能是因為在生物演化的過程中，植物生氣蓬勃，通常就有豐碩的果實，可供動物飽餐一頓。如果動物無法敏銳的察覺植物變化，就有可能因為錯失良機而挨餓。

像這樣的生物本能寫進基因中，或許就形成了「健康就是美」的審美觀，在我們的大腦機制裡一代傳一代。

修剪的常見迷思

許多人以為，「植物一旦被剪，再也不會再長新葉了」。其實，雖然速度可能會因品種而有不同，但只要植物健康，不管經過幾次修剪，到了生長季節，就一定會冒出新芽。**如果植物到了生長季，卻沒有任何動靜，不會是因為修剪所致，而是要懷疑其健康是否出問題**。

另外要說明，如果完全不修剪植物，以自然現象來說，下方葉片開始陸續掉落，最後變成只有枝椏尾端有葉子，內側則是光禿禿的枝幹，看起來稀疏瘦弱又不漂亮，不論是從健康或外觀的角度來看，我都不建議讓植物自由生長。

相對的，若能定期剪裁，不但剪過的地方會冒出新芽，下方減少落葉，使得整棵植株枝繁葉茂，且能長出漂亮的樹形。

另一個常見的迷思是「下刀位置」。究竟要剪新芽，保留舊枝葉，還是剪舊枝葉，保留新芽？

其實，我們修剪的目的，在於改變植物的生長點，所以剪掉新芽，阻止它在不適合的地方生長，才是正確的做法。不要因為植物長出新芽，就覺得剪掉可惜。事實上，去除新芽對植物不會有任何不良影響，反而能讓生長所需的能量移轉到更應該去的地方，進而達到塑形效果。順帶一提，在距離枝椏分叉點約〇・五公分的地方下刀，更容易使植物長出新芽。

基本上，修剪什麼時候都可以進行，每當我發

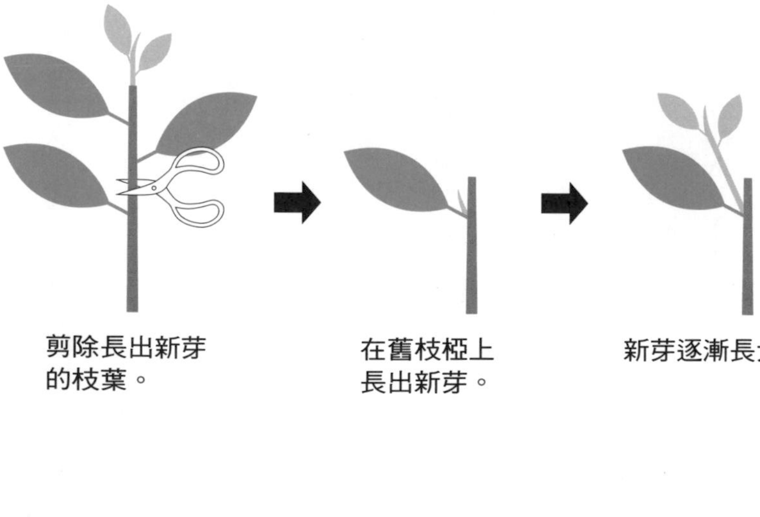

剪除長出新芽的枝葉。

在舊枝椏上長出新芽。

新芽逐漸長大。

現植物開始雜亂時，就立刻整理。但一般來說，建議每年做一至兩次，可以選在春季或秋末，也就是在觀葉植物生長季動手，我們可在此時透過修剪，剪除過度伸展或生長方向不如預期的枝葉，將雜亂的樹形做適當調整（按：能長成整棵樹木的木本植物，與草本植物在修剪上的狀況不太一樣。本章主要針對木本植物來說明，關於草本植物的相關內容，可參閱第四章）。

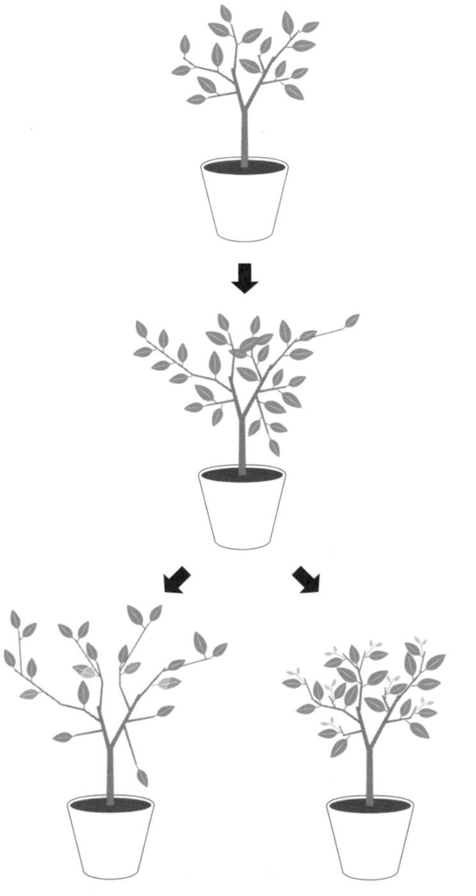

枝葉過度延展會過於稀疏、影響外觀。

透過適當修剪，保持茂密。

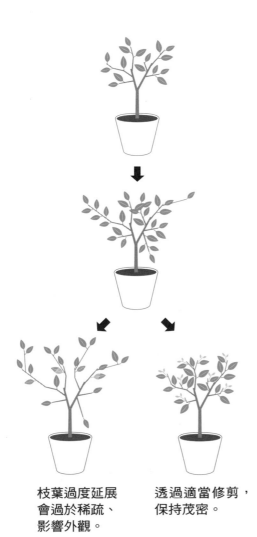

植物的頂芽優勢

修剪是利用植物的頂芽優勢（apical dominance），以人為方式進行調整。

顧名思義，頂芽優勢是指植物在枝椏頂端，具有萌芽與生長速度的優勢（見下圖），也因為這個特性，位於下方接近根部的側芽生長速度會受到壓抑。換句話說，如果一棵植物同時有頂芽與側芽，側芽會進入休眠狀態。此外，新芽會長在頂端帶有葉片的枝椏上，修剪時可以考慮新芽生長的特性，來限制新芽生長的方向。

從學理來說，這是因為植物激素（植物荷爾蒙）所造成，是一種自然演化的生

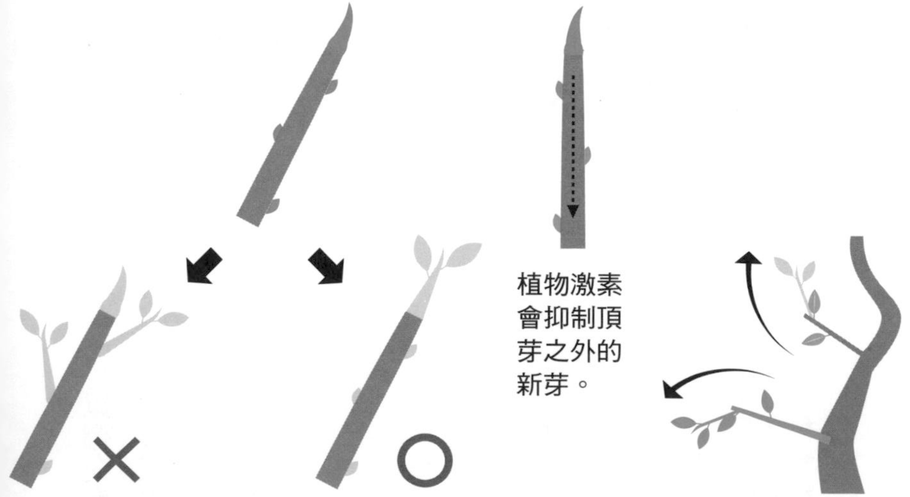

芽的生長會受[illegible]抑制。

頂芽優先成長。

根據修剪位置，決定樹形。

存機制。

植物激素受地心引力的影響，會流向植栽底部，植物激素濃度過高的地方，會壓抑萌芽與生長速度。以森林裡的樹木來說，它們藉此不斷向上生長，爭取到更多的陽光來進行光合作用。幾乎所有的觀葉植物，都具有頂芽優勢的特性，雖然程度各有不一，但只要善加運用這個生物特性，就能塑造出想要的樹形。

傳統花道與植栽修剪

如何在植栽修剪上展現個人美學，相信一百個園藝家會有超過一百種不同的看法。我經營的店採用的修剪概念比較接近日本傳統花道，因此常常收到「具有和風感」的評價。這是因為我深受傳統花道的影響，並從其基礎中，發展出植栽修剪的自然美三原則：順應草木植物的原生狀態、讓植栽展現動態、以不等邊三角形的方式來布局。

首先介紹布局方式，這套論點是借鏡日本傳統花道的基礎。在日本傳統花道中，不論是哪個流派，幾乎都會「以三個點來設計構圖」，有些流派將這三個點稱為「真、副、體」，有的則稱為「天、地、人」等。

套用該概念，剪裁盆栽時，以三根主要的枝幹布局成為一個不等邊三角形。為何不是正三角形或等邊三角形？因為不等邊三角形才能展現出自然和諧，也就是日本傳統美學中常說到的破格之美——用不工整、不對襯的型態，來重現自然的美感（見下圖）。

這也是為什麼我們在傳統花道或日式景觀盆栽中，總會看見這種布局。透過職人之手，讓作品在複雜層次中，能展現出安定與和諧。

其次要介紹順應草木植物的原生狀態。這是日本傳統花道的核心思想，指植物在原本生長的環境中，最能展現出與生俱來的特質與美感，也就是原生之美。這種概念被廣泛應用在

▲ 不等邊三角形是日本傳統花道的美學基礎。

傳統花道、景觀盆栽，甚至庭園設計等，可說是日本園藝界難得的共識。

日式傳統花道的常見做法，如下圖所示，是透過調整水際（花材固定在花器中的起始位置）以及出所（花材從主幹分出的枝椏分叉點），重現花材在原生環境中的自然樣貌。如果應用在植物修剪中，我會仔細修剪植株下方、接近根部主幹的枝葉，藉此營造出對比與線條美感。

最後一個原則是展現植栽動態，也就是讓植栽（靜態），呈現出能回應氣流的律動感。這在景觀盆栽領域中十分常見，所呈現出來的樹形叫「風翾」（見一六八頁）。也就是透過修剪樹形，讓盆栽展現出好像正被

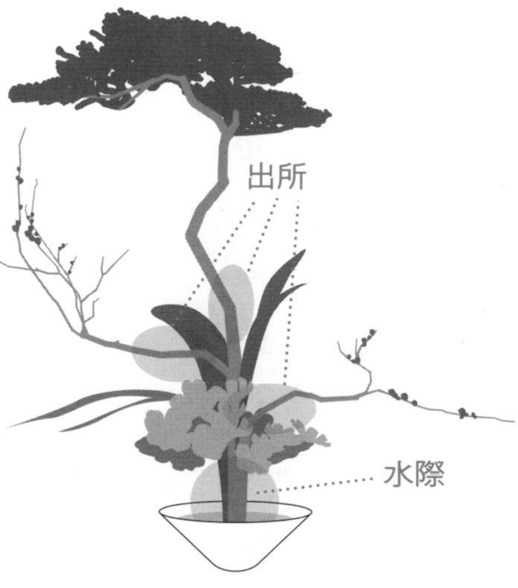

▲ 調整水際、出所，能重現植物在原生環境的自然樣貌。

強風吹拂的傾斜狀態，有如風向袋一般。同樣的概念也可以套用在觀葉植物上，透過修剪以展現動感，營造出不同面向與姿態。

我學習傳統花道時，老師曾特別要求我在作品上呈現動感，並為此給予許多嚴格的指導與建議，他希望我在動手時，要想像氣流在花材枝葉間流動的樣子。這讓我後來認為，不管為了美觀或植栽健康等目的，考慮到「風（或氣流）」因素，對花道、園藝或植栽修剪等領域來說，都是共通的基本原則。

忌枝，破壞美感的主因

忌枝，是指會破壞植物樹形美感或減損觀

▲ 打造出能回應氣流流動的樹形，讓植物美觀又健康。

賞價值的蔓生枝椏，也就是我們要剪掉的主要目標。事實上，除了外觀因素，忌枝也會導致通風跟光合作用受到阻礙，左圖至一六五頁圖介紹幾種常見的忌枝型態：

筆直向上生長的枝椏。由於過於強勢顯眼，會破壞樹形的美感。

往下蔓生的小枝條。
容易因盆栽的頂芽優勢特性而變瘦弱。

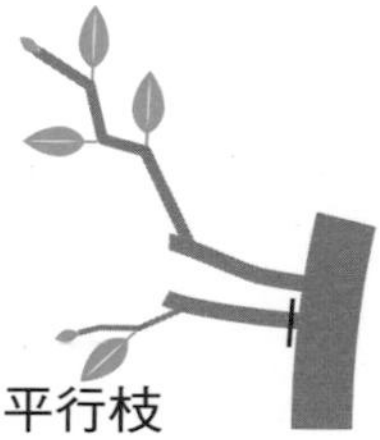

在鄰近區域長出兩條相同方向的枝椏。
建議剪掉其中一條。

與其他樹枝生長方向不同。有的枝椏會朝主幹方向逆向生長，外觀突兀又不自然。

如果植物有曲線，在主幹彎曲內側所長出來的枝椏，就稱為腹枝，也是建議修除的枝椏。修剪後可以保持樹形的曲線和諧，讓植物擁有好看的線條。

與其他枝條或主幹交錯生長。影響外觀和諧性。

有些枝椏會忽然徒長，變得又粗又突兀，甚至影響了其他枝椏。建議在徒長枝根部，靠近新芽的地方修剪。

某一段忽然變粗的枝椏。因為與鄰近枝椏的生長速率不同，會影響和諧、破壞樹形的美感。

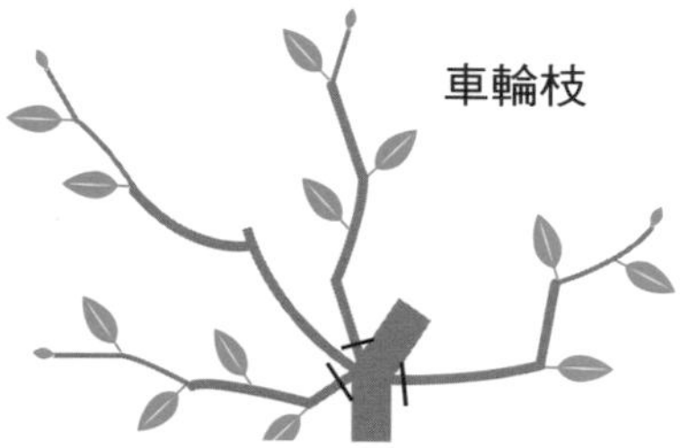

像輪胎的車輻一樣，從某處以放射狀蔓生的數條枝椏。建議疏剪（間隔修剪）。

如果主幹的同一處，出現同時向左右或前後生長的枝椏，形成像是「閂閂」的樣子，建議修剪掉其中一枝。

如果枝椏生長在主幹正面，且生長的位置較低，會從正面遮住主幹，就建議要修剪掉。但若生長位置較高，只要不影響美觀就無須理會。

像青蛙的腿部呈U字形，看起來突兀且不自然。

就像人類改變髮型一樣，剛開始需要一點時間適應新造型。雖然經過修剪的植物，看起來可能有點寂寥，但只要時間一長，植栽就會長出新芽，呈現出完全不同的風貌。剪掉忌枝後，盆栽整體外觀會出現明顯差異，那些過度茂密而影響日照與通風的地方都能獲得改善，整棵植物的光合作用也會更有效率。

修剪前，枝條雜亂，影響光合作用效率。

修剪後，每一處都能照到太陽，且通風。

漂亮樹形的基本款

立花風格： 概念取自日本傳統花道家元池坊的立花技法（形成於室町時代），是現存最古老的花道樣式，也被稱為立華，主要是以繁複的主幹與枝椏，展現出花材在大自然中的豐富與繽紛。

用本書提到的內容來說，所謂的立花風格，就是運用多個不等邊三角形，組合成為一盆完整的植物樹形。不論從哪個方向看，都可以從複雜的層次中，展現出樹形的穩定與安全感。

生花風格：概念取自於元池坊的生花技法（主要確立於江戶時代中期），相較於華麗且繁複的立花，生花則強調花材簡樸素淨的本質，藉由有限的主幹與枝椏，描繪出植物在原生環境中的本質之美。

由於生花的手法較為單純且平易近人，所以在傳統花道與園藝領域中也應用得很廣。如本書說的生花風格，就是以單一個較大的不等邊三角形，作為整體樹形的修剪布局。修剪時保留植物的原生之美，讓植物從盆栽中破土而出的生動樣貌，彷彿它原本就生長在這裡一樣。

風翩：透過修剪，讓盆栽展現出像是正被強風吹拂的傾斜狀態，象徵著即使面對惡劣環境仍努力生存的意境。修剪時，需要讓植栽刻意往某一側生長，且維持主幹枝椏的橫向發展，讓觀賞者可以從盆栽中感受到風的流動。

文人木：在單薄的主幹上保留有限的枝葉，讓挺拔向上生長的樹形，看起來彷彿從周圍的植物競爭中脫穎而出，散發出絕塵脫俗的侘寂氛圍（按：一種以接受短暫和不完美為核心的傳統日本美學），自江戶時代以來一直就受到文人雅士的喜愛。

模樣木：以人工修飾主幹的生長方向，雕塑出左右或前後彎曲的「S型曲線」，將植物的靜態與生長的動態加以調和，突顯氣勢強大的姿態，是景觀盆栽中最具代表性的樹形之一。植物在修剪時，如果能讓植物的根部與主幹尖端維持在同一條軸線上，樹形會更好看。

2　塑形就像染燙，更有看點

若把修剪比喻成理髮，塑形就相當於染髮或燙髮，也就是透過人為（外力），展現植物特有魅力。

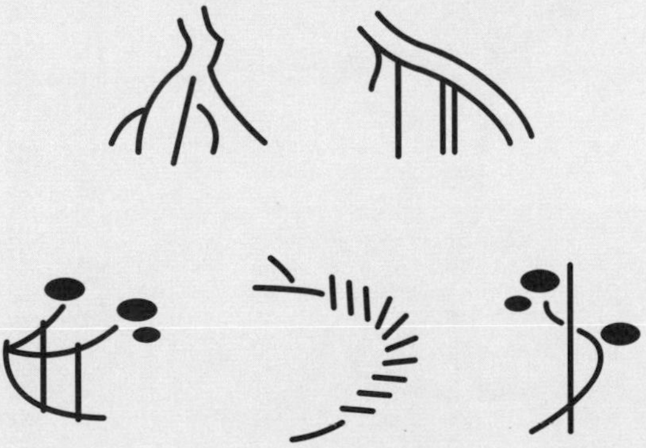

●露根（提根）

這是透過外力上提植株，使埋在土壤底下的根部外露（見左圖）的方法。通常只有年長樹木的根部會外露，因此讓植物一部分根系顯露在外，能營造出其彷彿飽經風霜、克服嚴苛環境的強大生命力，也會讓觀賞者有一種正在欣賞古木的樂趣。

一般來說，露根的做法是挖空植物根部，或把主幹連同根部一起挖出，提高根部的位置後種回，誘使植物在新的位置長出根系。不管採用哪種方式，都能大幅提高觀賞價值，尤其向觀賞者展現出植物強壯的根系，更是植物個體強健的證明。

露根步驟見左頁。

▲露出一部分根系，讓人體驗到欣賞古木的樂趣。

榕樹有強壯的根系，很適合露根。沒露根的盆栽榕樹看起來單調、乏味，特色未被充分展現。

將整棵植物連同根系，一起從盆栽中取出。先用根鉤鬆開根部土壤，再用刷具刷除沾附在根部的多餘土壤。處理較細的根時，務必謹慎，較粗的根可放膽處理，但動作要快速，避免植物因根系外露，而承受過多壓力。

用清水沖洗植物根系外露的部分，把殘餘的土壤與汙垢清理乾淨。有些細小或不容易刷到的地方，可以使用細的金屬刷具輔助，完成清理步驟。

完成露根後，榕樹盆栽變得更有特色，植物本身的特質也被展現出來。就算是樹形缺乏特色的植物，也能透過該技法來提升觀賞價值。

●氣根

有些植物的特色在於氣根——植物枝幹往下生長的根系，通常是因為植物想吸收大氣中的水分，才演化出來的特殊型態（見下圖）。

如果我們想要突顯植物氣根，可以在溼度較高的環境中，讓土壤保持相對乾燥狀態，藉以催化氣根的生長速度。尤其某些品種的氣根下垂長到地面後會逐漸變粗，形成類似主幹，能支撐植物重量的「支柱根」，更是觀葉植物的一大看點。

▲ 在溼度高的環境，土壤保持乾燥，能使氣根變粗。

牽引

這是一種微調樹形的方法，藉由在枝幹上纏綁繩線，來調整植物生長方向（見左圖）。但實際彎曲狀況，會因為品種與綁繩位置而有差異，在施作時要特別評估植栽的承受範圍，以免強行拉扯，造成枝幹斷裂。

塑形景觀盆栽時，通常會使用粗鐵絲或老虎鉗等工具來輔助，但由於牽引時需要施加外力以控制植物的生長方向，因此建議對觀葉植物施作時，可以選用較不易傷害植物的棉麻或者是塑膠材質。此外，牽引工作通常需要數個月到一年左右，才能看到效果。

▲ 牽引時，用棉麻材質才不會傷害植物。

●矯正（纏線）

在日本傳統花道中，會「矯正」花材枝幹的彎曲程度。最常見的方法，是利用手掌根部或指腹，輕輕施力在植物的枝幹上，直到植物出現所需要的角度為止。

如果需要更高強度的矯正，可以使用鐵絲來輔助，且粗細約為目標枝幹直徑的三分之一，長度則是目標枝幹長度的一．五倍。矯正時，可將鐵絲以四十五度斜角，間隔纏繞在目標枝幹上，如果希望枝幹往右彎曲，鐵絲就順時針向右纏繞，如果希望枝幹往左彎曲，鐵絲就逆時針向左纏繞。

▲ 用鐵絲矯正枝幹彎度時，鐵絲粗細為目標枝幹的 1/3；長度為目標枝幹的 1.5 倍。

●支架

該方法常用在許多攀藤植物或枝幹較細軟的植物上，有些景觀庭園中的松樹旁，也會用竹製支架來輔助支撐、定形。至於枝條細軟、容易垂掛在其他地方的藤蔓型觀葉植物，如龜背芋或黃金葛等，使用支架來調整植株外型，也是十分有效。

如果擔心支架的存在太過突兀，可以挑選一些天然材質的支架，例如木質支架或竹製支架等。除非有必要，否則避免大量使用鐵絲或繩線等特殊材質來固定植物，不然會掩蓋原本植物的好看外型。

▲ 枝條細軟、容易垂掛在其他地方的植物，可用支架調整外型，用木質或竹製支架，才不突兀。

3　再生，我在業界的首創

「回收與再生」是我店裡最特別的服務。

不論因枯萎凋謝或搬家而無法繼續照顧的盆栽等，都可以交給我們處理。經過救護或調養後，植栽會以嶄新的姿態呈現在消費者面前。

回收並處理觀賞用植物，接著流通到市場，這種商業模式可說是業界首創。畢竟植物擁有獨立且完整的生命，隨著時間過去，累積風韻與魅力。

只要多花心思照顧，它們會展現出獨特的痕跡。

搶救前，葉片乾枯、枝條傾斜，整體看起來沒精神，又雜亂。

搶救後，葉子恢復生氣，枝條也很挺直。

●舍利

該詞源自於佛教用語，意旨釋迦牟尼的遺骨。這是一種處理植物遺骸或保留枯枝，用來造景的特殊工法，自古以來在日本傳統花道及景觀盆栽中被廣泛使用。

一般來說，如果植栽出現枯枝，我們多半會從枯枝根部將其切除，只保留青翠部分。但若反過來，為了讓盆栽中的枯枝表現出飽經風霜的古木質地，在施作前，會先初步加工，先剝除枯枝或主幹外層的樹皮，之後再進行殺菌，進一步提升觀賞價值。就像傳統陶器修復中的「金繼」工法，調和金粉與生漆等材料，然後來修復器皿的破損或缺口，展現器皿久經使用的歷史風味一樣。

舍利能升級再造（upcycle），讓我們在植物的不同階段，營造出有層次的美感。其做法見下頁圖。

用小刀刮除枯枝或部分主幹上的樹皮，再以雕刻刀等工具，將枯枝尾端修飾成自然凋零的樣子。

用瓦斯噴槍燒除枯枝上殘留的樹皮或樹瘤纖維等凸起的部分，再以鋼絲刷具或砂紙，將枯枝表面打磨至平滑。

為防止枯枝日後發生腐蝕等狀況，可拿畫筆在枯枝均勻的塗上「石灰硫磺混合劑」。只要晾晒半天，塗抹處就會變成白色，隨著時間過去，就會呈現蒼白的古木質地，讓整棵植栽的外觀像老樹一樣豐富且具有層次，展現出獨特的紋理線條。

●壓條

一種將舊植株透過人為方式養出新的根系後，重新移植成新植株的技法。具體做法是在舊植株想要移植新植株的主幹位置，進行環狀剝皮，並貼上溼潤的水苔，用塑膠袋包覆起來，促使植物在剝皮處長出新的根系，並待新的根系發展完成後，就可以切下植株移植到新的地方，變成另一棵新的盆栽，此技法通常適合用在樹形鬆散的植物上。

在原本植株的主幹環狀剝皮並貼上水苔。

⬇

就能養出新的根系，然後移植變成新盆栽。

●解木

在我們的諮詢服務中常碰到一種狀況：某些植物會因自然或人為的關係，產生奇怪的交纏狀態，例如市面上常見到「三股編」或「五股編」的馬拉巴栗（見左上圖）。如果其中一股根部出現病蟲害或枯萎，就必須解木，將植物解開成獨立自然的狀態（見左下圖）。這種技法的要點在於，要一邊留意植物根部的交纏狀況，一邊引導健康的植物往解開的方向生長，以順利分離出枯萎的部分。

根部交纏的植物，只要其中一股受損，其他部位連帶受害。

靠解木讓各根部獨立，維持植栽健康。

●主幹截切

截切植物主幹，是在處理雜亂樹形時的最後手段，由於修剪方式過於強硬，會在切口處形成不自然的斷面，因此該方法在景觀盆栽或庭園設計等領域中並不受歡迎。

但對於觀葉植物而言，強硬的截切主幹或粗枝，反而能塑造出獨特的樹形，所以這種技法又被稱為「截切」或「強剪」。要注意的是，由於該做法會創造出大面積切口，容易使盆栽受到感染或腐爛，請記得在切口處確實塗上癒合劑並小心照顧。

強剪雖不適合庭園設計，但能替觀葉植物帶來特別造型。

●主幹橫置

只要把盆栽的主幹橫放，能大幅改變植物的生長方向，塑造出獨特的主幹曲線，還可以藉由多次挖出植株後，轉換位置重新種下等方式，創造出更複雜的樹形曲線。如風翩等樹形，就有使用到這個技法。

盆栽橫放，能改變其生長方向。

⬇

塑造獨特主幹曲線。

植物哲學筆記

讓植物適性而生

「もったいない」是一個很難精準翻成外文的詞彙（譯註：日文原意接近「未能物盡其用」，引伸指可惜或者是浪費）。二〇〇四年，來自肯亞的諾貝爾和平獎得主旺加里・瑪塔伊（Wangari Muta Maathai）以環保倡議人士的身分首次訪問日本，她因很少有語言能以一個單詞，傳達出「自然資源永續」概念，而對該詞感到驚豔。

她更提議要將もったいない，作為推廣全球環境保護以及自然資源永續的共通語言。

事實上，日文有很多抽象詞彙都無法被精準翻譯成世界共通的語言——英文。例如「插花」（いけばな）就是其中之一。

插花一詞約誕生於五百年前的日本，時至今日更成為外國人提及日本文化的主要象徵之一。但在現在，我認為大家對於插花的印象，已因世代不同而出現極大的差異。

插花在一九八〇年代曾風靡一時，當時與茶道一起被當成「新娘養成訓練」的一環，而直到現在，仍有許多充滿個人特色的花道家在各大媒體上活躍著。不少人認為「插花是人們透過花材，展現個人情感與美學的藝術」，但插花到底算不算是藝術呢？

轉瞬即逝的美與精神寄託

據說日本的插花文化源自於十五世紀中期的室町時代，其文化創始人是僧侶池坊專慶，自他以下更開創了華道家元（花道流派始祖）「池坊」一系。

插花原是寺院僧侶用來供佛的心意，後來隨著日式建築「書院造」（按：書齋兼起居室的空間）的興起，也走入民間，成為民家擺設於「床之間」（壁龕）的室內裝飾。到了日本戰國時代，又因插花能修養心性而受到武士推崇，並在江戶時代達到顛峰。

當初池坊使用插花（いけばな）時，其實如同字面上的意思，從「讓花（ばな）活著（いけ）」，引伸出「讓花藝作品栩栩如生」的概念。

但插花使用的花材，其實都是從植物母株切下，保存期極其有限，注定要邁向凋零死亡。而我們竟要應用這些勢必死亡的素材來創作，並費盡心力讓它看起來生氣勃勃，其中隱含「從凋零中感受生命的美好」或「把握轉瞬即逝的美麗」等概念，與當時戰亂頻繁的武家社會相呼應，實在令我相當感興趣。

尤其觀察現代插花文化的發展，假設用料理方式來比喻，傳統插花就像壽司，創作者專注在食材本身，透過料理展現其特質；現代花藝因創作者較強調個人風格與特色，反而容易忽略花材原本的特質，彷彿是經過複雜調味與繁複烹煮手段的料理，不免掩蓋食材本身的獨特滋味，現代插花似乎與插花文化最早的初衷，產生了極大的轉變。

插花文化，從精神寄託到藝術展現

在日本經歷明治維新與兩次世界大戰之後，社會逐漸穩定，插花文化也出現變革，原本擺放在壁龕的傳統插花式微，「讓花材與花藝作品栩栩如生」的初衷，因此被大眾遺忘。

當然，不論傳統或現代插花都具有藝術的一面。但現代插花標榜推崇自由創作，各花道流派為了適應現代社會的演變，紛紛提出「自由花」概念，也就是創作者可以盡情發揮自身風格與創意，突顯「插花從精神寄託轉變為藝術展現」的文化形象。

尤其是花道「草月流」的創始人勅使河原蒼風，其前衛的創作風格享譽全球，就算過世後，仍受到大眾的關注與喜愛。但即便他擁有與同時代藝術家達利（Salvador Dali）或畢卡索（Pablo Picasso）齊名的藝術成就與地位，從長達五百年的插花文化發展歷史來看，勅使河原蒼風代表的，也僅是某個面向，只是這個面向較強調「個人風格與藝術創作」罷了。

回歸「適性而生」的本質

我家事業創立於一九一九年，以販售花材起家，在長達一個世紀的經營過程中，我們在如池坊、草月流等各個花道流派的名家背後提供支持，而我也因此獲得綜觀目前日本花道發展全貌的機會，這份極其珍貴的經驗與資產，奠定了我對於植物的想法與理念初衷。

插花追求藝術性並沒有問題，只是當我面對活生生的植物時，插花發展初期的理念更深深打動我。因為植物本身就是一種完美的創作素材，不需要經過創作者的刻意雕琢，就能讓我們感受到其本質、特色與美感。

我家事業一直秉持著適性而生──讓植物（或花材）能呈現出最接近自然本質的經營理念。

但適性而生是基於日本特有文化脈絡所延伸出來的概念，很難精準轉譯成不同語言。尤其這個詞彙又是從插花一詞，經過雙重轉化所形成的全新概念，要轉換為其他語言的難度就更高了，或許勉強能翻譯為「Make it appropriate」，但

appropriate 無法傳達出日文中對於「生命原始形式」的尊重與敬畏。

語言文化的差異，可能是因西方一神教與日本泛靈信仰的不同所致，日本人對自然界的眾生萬物，給予神格化的尊重，要解釋給其他國家的人理解，確實是個挑戰。但正因如此，我們才有更大的空間與可能，向世界傳達「適性而生，萬物和諧」的理念。

回應事物原始的樣貌

美國心理家詹姆斯・吉布森（James J. Gibson），曾提出一個論點「預設用途」（Affordance），該名詞是吉布森以 Afford（賦予、提供）為基礎，所衍生出的新詞彙。他主張「環境賦予事物預設的用途，而生物只能被動察覺這些事物的存在」，後來預設用途理論，被應用在藝術、建築等設計領域。

最早將預設用途理論引進日本的，是產品設計師兼日本民藝館館長深澤直人。

他在《讓設計自然存在的新・設計教科書》中，以一個傘架的設計案例來說明，如何實際運用這套理論。

他表示，人在雨天外出時，若想放置雨傘卻沒有看到傘架，通常會利用地板或磁磚的縫隙，讓傘可以順利靠在牆上，不倒下來。這幾乎是無意識的反射動作，卻也代表人們回應環境，藉此讓雨傘不會倒下。如果設計師能察覺這種現象，就能在地面上設計出一個類似地板縫隙的溝槽，作為「傘架」來使用。像這種讓使用者沒察覺又能達成目的的設計，就是善用了預設用途概念。

我認為不論在插花或植物等領域，適性而生與預設用途等概念十分接近，創作者只是回應植物本質，並將它們的特色與美感展現出來而已。

西方自工業革命後，資本主義發達，人類的社會文明在二十世紀後的現在，有飛躍性的成長。但大量生產、大量消費的商業模式，卻也帶來人類與大自然之間難以弭平的巨大鴻溝，甚至產生極大的副作用。

日本傳統園藝界的哲學觀，建立在與大自然和諧相處的基礎上，作為人類解決地球的環境問題，提供了可參考的解方。

持續照顧植物已50年……。

第4章

不同植物的照護要領

一般來說，觀葉植物大致可分為木本與草本兩大類，而因類別不同，照護眉角自然有所差異。

為了讓大家更清楚如何照護各類觀葉植物，本章將其細分為榕屬類、鵝掌柴屬、龍血樹屬、草本類植物及其他等五項，並解說基本照護要領。

至於日常照護與基本修剪等相關內容，只要看第二、三章即可。

榕屬類

榕屬植物（Ficus）的生命相當強韌、生長速度極快、容易長出新芽，且有非常明顯的頂芽優勢特性，若想享受修剪樂趣，可選擇這類型植物。除此之外，它有十分發達的氣根系統，作為觀賞植物有許多有趣的看點，非常適合初學者照顧。

榕屬植物中最具代表性的就是榕樹（正榕），它是分布最廣的木本植物之一，由於其樹幹與枝葉會分泌白色樹液，所以也被認為是「橡膠榕」的一種。榕屬植物中，最常見的葉片外觀是卵形或橢圓形（見下圖），而有些品種的葉片則呈現細長狀或擁有較小

的葉片。

因榕屬類容易發生葉蟎的蟲害，所以照護時請多加留意。

主要品種：榕樹（正榕）／垂榕／高山榕／愛心榕／孟加拉榕

榕屬類植物在修剪或有外傷時會流出白色樹液，若樹液不慎碰到肌膚，可能會引發紅腫或過敏等反應；若滴到地面可能會形成汙漬，所以處理時請多加注意。

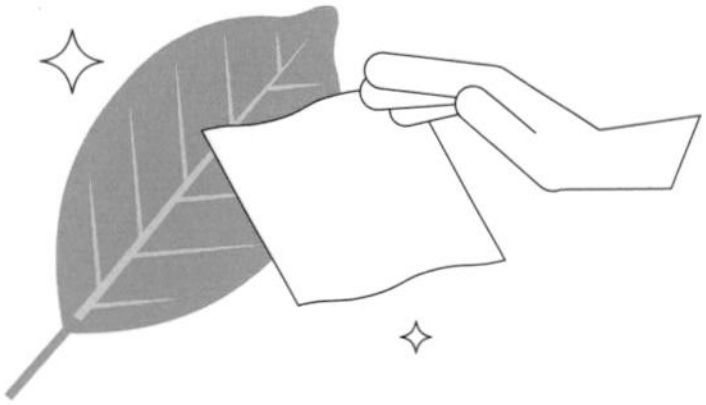

葉片面積較大的品種易沾灰塵，最好增加擦拭頻率。

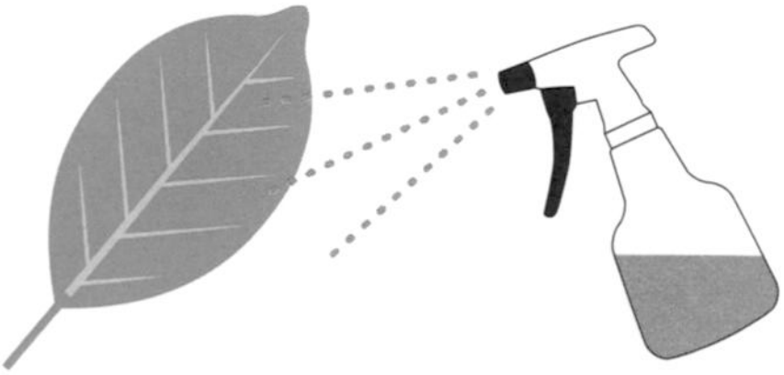

部分葉片較薄的品種如愛心榕等，容易因過度乾燥導致受損，須增加替葉片噴水的頻率。

不同種類的榕屬類植物有各自的習性，例如高山榕喜歡充足的日照，愛心榕不耐寒等。

鵝掌柴屬

鵝掌柴屬（Schefflera）植物是相當具有代表性的木本植物之一，其主要外觀特徵是手掌狀的茂密葉片與發達的氣根，且很快長得濃密茂盛。由於鵝掌柴屬植物相對容易照顧且品種豐富，因此被廣泛的使用在各種場合。

在養護時，如果盆器中的栽培用土長期處於潮溼狀態，會導致根部腐爛，務必等到土壤確實乾燥後再澆水。另外，這類植物長得茂密，容易讓介殼蟲隱身其中，所以需要多加留意。

大部分的鵝掌柴屬植物，搭配前一章介

紹的舍利法來修飾，會有不錯的效果。

至於各品種的特性都稍有不同，例如：被稱為富貴樹的「福祿桐」，相對不耐寒。葉片細長的「孔雀木」與日式居家風格很搭，相當受到歡迎。

主要品種：鵝掌藤／矮種鵝掌藤／多蕊木／孔雀木／輻葉鵝掌柴／福祿桐

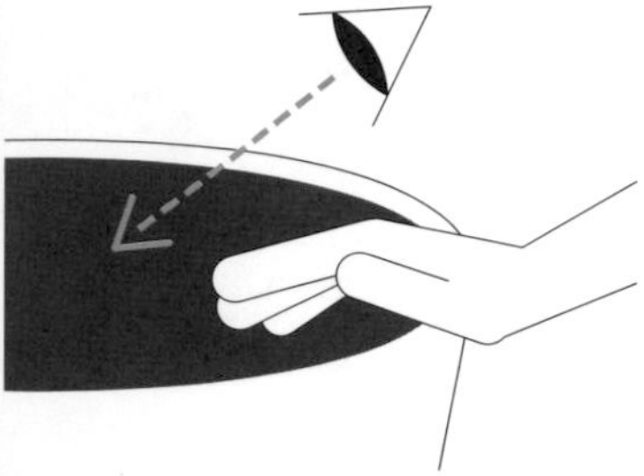

土壤長期潮溼，根部容易腐爛，須等土壤變乾再澆水。

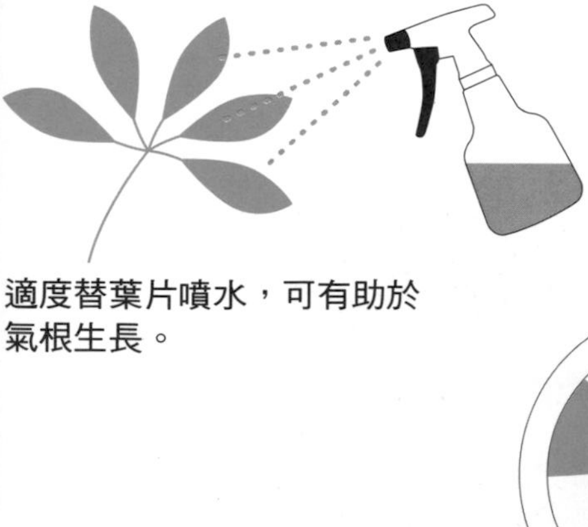

適度替葉片噴水，可有助於氣根生長。

葉柄部位容易躲藏小蟲，請養成檢查葉片的習慣。

龍血樹屬

龍血樹屬（Dracaena）的主要品種大多原生於熱帶非洲，所以耐旱。向上延伸的細長葉片，茂密時看起來有如煙火綻放（見下圖），葉片枯萎時，會在樹幹留下葉柄痕跡，形成每一株都獨特的紋路，是其最大的特色。

龍血樹屬大多發芽速度緩慢，所以不需要頻繁修剪，只有在枝葉長得太長時，可一次剪掉，或在葉片尾端乾枯時直接剪下枯萎處，其他如紅邊竹蕉等枝幹較柔軟的品種，則可透過牽引來調整樹形。

由於大多龍血樹屬的地下根系發達，所

以在照顧時，可享受露根的塑形樂趣。

主要品種：紅邊竹蕉／密葉朱蕉（密葉龍血樹）／象腳王蘭／酒瓶蘭

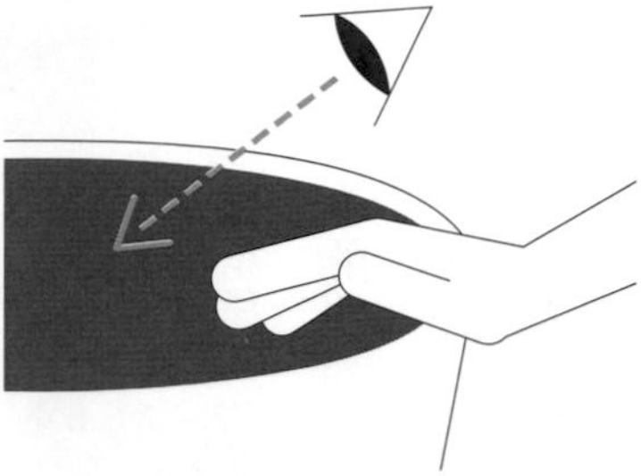

土壤長期潮溼，根部容易腐爛，須等土壤變乾再澆水。

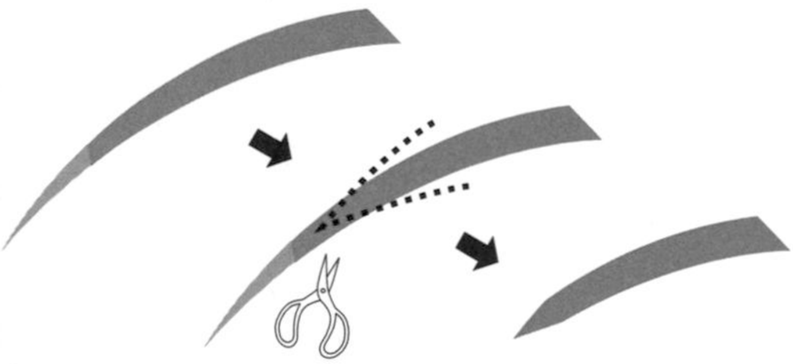

葉片尾端乾枯或受損會影響美觀，可直接剪掉。

葉柄容易躲藏小蟲，經常對葉片噴水能預防蟲害。

草本類植物

許多常見的草本類觀葉植物，原本都是長在大樹的根部或是纏繞在木本植物的樹幹上，因此有較高的耐陰性（按：指植物在低光照環境下的耐受能力）及強健的生命力。

草本類植物不耐悶熱，且對溼度的反應較敏感，若養在較潮溼的環境中，得降低替葉片噴水的頻率，且葉子之間須保持適當空隙，以維持良好透氣、避免悶熱。

部分草本植物，如「鶴望蘭」（天堂鳥）等品種的修剪方式與木本植物不同，即使剪掉新芽，生長位置也不會改變，在這種情況下，建議發揮植物延展的特性，改用支

架來調整植株造型。此外，大多數的草本類觀葉植物，能透過簡單的分株來繁殖，但不同品種的習性特色各有不同，建議直接向專門店詢問相關的細節內容。

主要品種：黃金葛／龜背芋／椒草／蔓綠絨／粗肋草

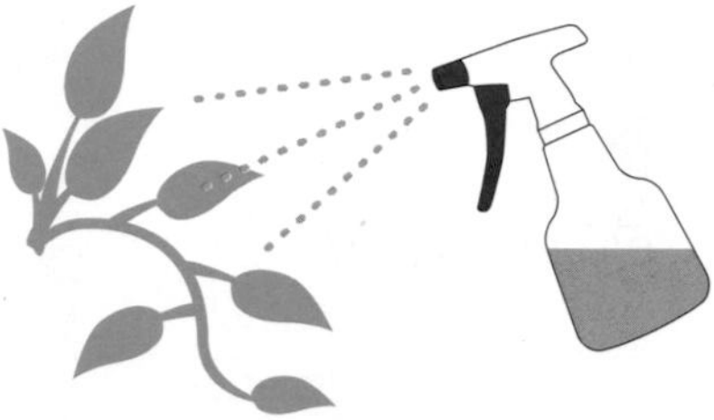

水噴過多會導致根部腐爛，須特別注意。

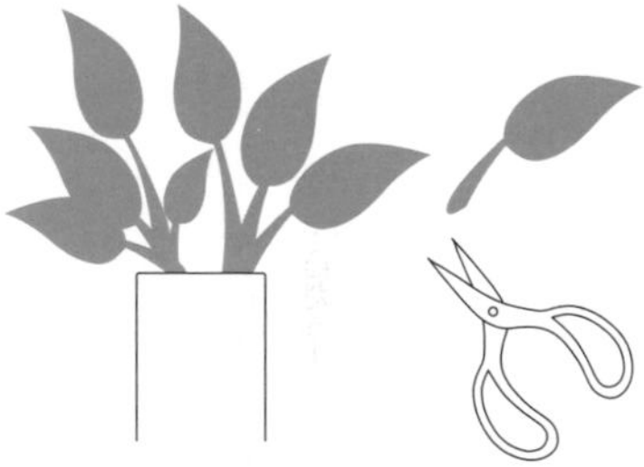

葉片過於茂盛，會造成植株悶熱（按：會無法順利進行光合作用）或掉葉子等情況。葉片間要保持適當空隙，讓空氣能順暢流通。

種植具有攀附性的植物品種時，可利用支架調整出漂亮的外型。

其他：馬拉巴栗

馬拉巴栗是木本植物中最容易照顧的代表性樹種，由於它原生於墨西哥等中南美洲地區，所以耐旱性極佳，且能抵禦相當程度的蟲害，是一款非常強壯的觀葉植物，很適合擺在辦公室等不需要花心思照顧的環境中。

馬拉巴栗的外型極具魅力，就算不做任何塑形，也能有好看的自然風貌。其外觀特色是大且翠綠的掌型葉片及粗壯枝幹，在市面上常可見到將枝幹塑形成三股編狀的盆栽。如果是實生苗（直接從種子培育到苗株，非經過嫁接分株的方式）的型態，根部會長得特別肥大，此時可透過露根讓它更有特色，同時提高觀賞性。

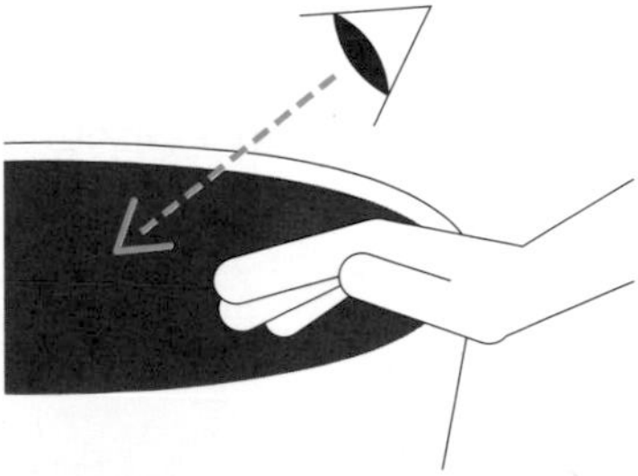

土壤長期潮溼，根部容易腐爛，須等土壤變乾再澆水。

馬拉巴栗生長時不易分枝，所以當它長到一定高度後，請果斷修剪，增加分枝的生長點，較能維持漂亮的樹形。

其他：小豆樹

小豆樹（Cojoba arborea）是一種有纖細小巧複葉的木本植物，搖曳時，給人優雅且溫柔的印象。小豆樹跟合歡（按：原產於亞洲西南部和東部。耐寒、耐熱、耐乾燥，生長迅速，枝條每年可以生長一公尺以上。小豆樹跟合歡在科學分類中，都屬豆科）一樣，有著明顯的睡眠運動，葉片在清晨舒展，在夜晚閉合，相當有特色。

雖然小豆樹不耐寒也不耐乾燥，容易缺水，因此要特別注意水分的補充。但是它長芽的速度相當快，可以自由修剪與塑形，平添不少樂趣。

小豆樹不耐乾燥又容易缺水，要避免栽培用土過於乾燥。

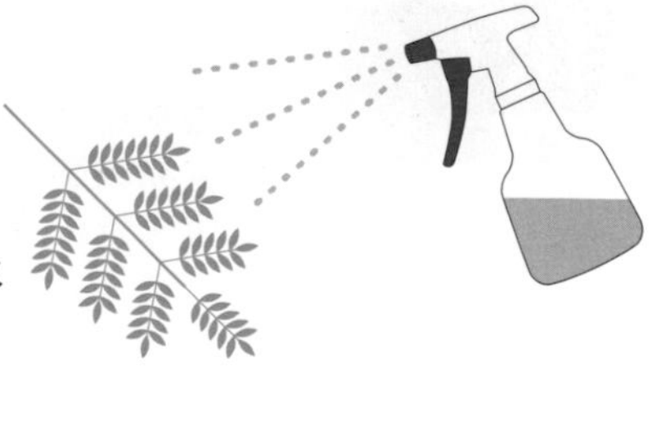

因葉片又薄又小，須經常對葉片噴水保溼。

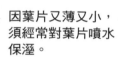

其他：虎尾蘭

草本植物虎尾蘭（Dracaena trifasciata），有厚實的葉片與尖銳的葉尾，不僅耐旱、也有極高的耐陰性，而且抵禦病蟲害入侵的表現也相當優異，是所有觀葉植物中環境適應力最好的品種。但虎尾蘭的生長速度緩慢，培養時比較難感受到植物生長的樂趣，而且它不耐潮溼也不耐寒，要特別留意避免過度澆水。

由於虎尾蘭無法透過修剪來改變生長點，會從地下根系長出新芽來繁殖，因此可利用這種特性，在虎尾蘭的新芽或子株過多時分株培養。

主要品種：綠紋虎尾蘭／金邊虎尾蘭／棒葉虎尾蘭

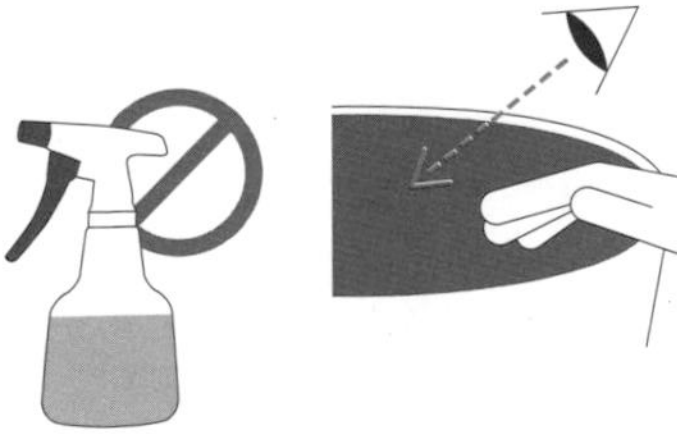

虎尾蘭的根部容易腐爛，要避免澆太多水，也不太需要替葉片噴水。

虎尾蘭非常不耐寒，冬季時請特別注意環境溫度。

如果覺得葉片尾端乾枯或受損會影響美觀，可以直接修剪。

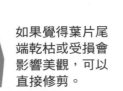

其他：棕櫚科

棕櫚科植物洋溢著滿滿南國風情，其中常用於庭園造景的品種，會長出像木本植物般的粗壯枝幹。大多此類植物都喜愛陽光、不耐陰暗，如果日照不足，就會徒長，導致樹形走樣。不過有例外，如袖珍椰子對陰暗環境忍受度高。

好照顧的棕櫚科植物同樣無法透過修剪而改變生長點，部分品種會透過從地下根系產生新芽來繁殖，如果植株生長過於旺盛，可考慮從根部修剪或是直接換盆。如果葉片尾端乾枯或受損，可直接修剪。

主要品種：袖珍椰子／酒瓶椰子／散尾葵（黃椰子）／矮棕竹

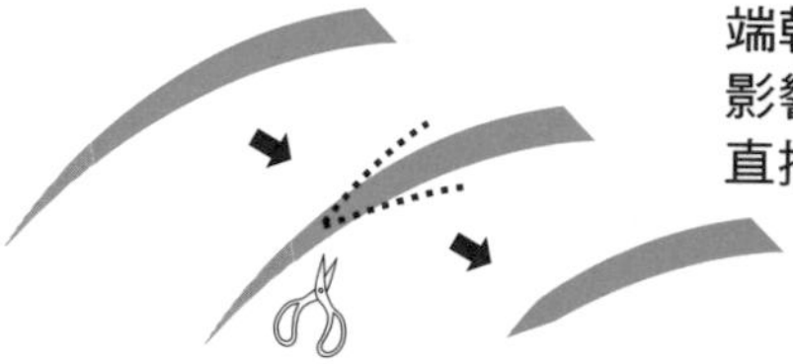

如果覺得葉片尾端乾枯或受損會影響美觀，可以直接剪掉。

請不要修剪棕櫚科植物的新芽，因為新芽一旦剪斷後，會無法從側邊長形成生長點。

植物哲學筆記

現有的綠化到底環不環保？

人很常為了達成某種目的，進行「自以為」正確的行為，最後卻得到完全相反的結果。

近年來在永續發展目標（SDGs）風潮推動下，大眾很容易把綠化視為永續發展的象徵，尤其在許多媒體或時尚領域，甚至國際知名精品名牌，隨處可見標榜「Green」字樣，更有許多的知名企業為了追求綠化，大量使用植栽來裝飾門面。可是，讓空間充滿綠意，就符合永續（Sustainable）精神嗎？

綠化，奢華地位的象徵

在歐美影視作品中，總能看到豪宅圍繞著一整片翠綠的花園草坪。對歐美文化圈的人來說，能在稀缺的土地空間蒔花植草，其實是身分地位的表徵。國際上甚至會以「草皮的養護程度」，作為諸如高爾夫球場、足球場或網球場等專業運動空間的等級評定標準。許多人看到經精心修剪的草坪，都會產生想躺下來翻滾的衝動。

但養護草坪其實費工又不環保，夏天時，每兩、三天澆水一次，每個星期定時修剪與去除雜草，哪怕只有二十五平方公尺，少說得花上一個小時整理、養護，再加上大量的用水、除草劑、化學肥料與電動除草機等，管理成本相當高昂。養護草坪在園藝產業中被視為是高消費服務，更常被外界認為是造成環境負擔的一大隱憂。

戶外草坪養護如此，室內的綠美化也是如此。

近年來有許多商辦大樓或商業、公共空間，為了綠美化空間而鋪設植生牆，概念上是讓環境布滿綠意，營造讓人身心舒暢的環境，所以受到歡迎。不僅充分利用有限的空間，現代的植生牆多半具備自動灌溉的功能，如果植物適應不良而枯萎，只要定期更換就好，維護起來既簡便又輕鬆。

然而，為了美觀，植生牆的植物往往排得太過密集，導致光合作用效率低、通風不良，比一般在地面生長的花草，牆上的植株面臨的環境更加惡劣，存活率大幅下降。

以目前現有的技術水平來說，我們幾乎是堆積植物的屍體，換取怡人的視野。

植物消費興盛，園藝產業滅亡

東京農業大學創校校長横井時敬曾說：「農學興盛，農業滅亡。」意思是，若農業教育缺乏相關經營者的視角與觀點，就會淪於學術理論，脫離現實，此時就算農學發展再興盛，農業終將走向滅亡。

但同樣的狀況引伸到園藝產業，卻是完全不同的景象。目前的園藝產業過於重視商業與銷售活動，卻忽略植物生長的本質與更深層的人文關懷，就像前面所說的綠化矛盾或稀有品種植物的流行熱潮，都建立在市場上，而沒有顧慮到「植物也是一種生命，需要照護」。

我不否定園藝業者的專業與勤奮的工作精神，為了滿足消費者的需求，建立完善的市場功能與精密的流通網路，甚至在國際舞臺上，「現代日本園藝」更是「專業植物產銷與販售」的代名詞。

但以滿足消費需求為導向的專業植物產銷與販售，卻成為阻礙照護植物的枷鎖，在忽略其生長本質與缺乏人文關懷的情況下，植栽只是一種用完即可拋棄的商品。若盲目追求眼前的短期利益，園藝產業長久以來培養的文化底蘊與自然本質，會逐漸消失，最終走向凋零。

要避免發生這種狀況，就必須意識植物也有生命。

當我們願意投注心力，植物也會用茂盛與活力來回報我們，甚至發揮它原始的生命力，獲得幾乎無限的壽命。在這個愛與被愛、需要與被需要的過程中，我們變得更加圓滿，也願意投入更多心思。

或許有些同業擔心：「不斷宣導怎麼照護，那其他植物怎麼賣出去？」

我能理解他們的擔憂，但自從我開始經營照護植物後，發現「盆栽長得漂亮又長壽，會讓照顧者渴望擁有更多植物」，而且發展照護服務，會讓整個產業跳脫「快速生產與販售」的惡性循環。

解答養盆新手最容易碰到的問題

我整理出照顧盆栽時容易遇到的問題，並提供解決方法。不過要注意的是，若參考這些方式仍無法處理問題，請向園藝專門店諮詢，盡快讓植物接受檢查。

關於葉片

Q 葉片變黃要怎麼處理？

如果植株下方的葉子轉黃，通常都是新陳代謝造成，不需要過度擔心，只要即時去除枯葉即可。但是剛長出來的新葉變黃，可能是葉蟎侵襲所致，可用沾溼的衛生紙來擦拭葉片背面，將其撲殺。

此外，缺乏水分也會導致葉子變色，須留意澆水方式是否正確。

Q 為什麼葉片會出現咖啡色塊？

一般來說，多半都是因為灼傷所致。請確認盆栽的生長環境，日照是否過於強烈或有高溫直射的照明光線等。可移動位置，觀察是否有所改善。

Q 葉片的尾端乾枯？

若是發生在如龍血樹或棕櫚科植物等葉片細長的品種上，多半是因空氣乾燥所致，無需擔心。如果乾枯現象不斷朝葉柄蔓延，則可能是根部腐爛，請重新檢視澆水方式。

Q 變淡、變薄是什麼原因造成的？

受到葉蟎侵襲時，葉蟎會不斷吸食葉片養分，造成其顏色變淡、變薄，且出現花紋狀的大片白點，須立刻用沾溼面紙擦拭葉子以驅除葉蟎。

Q 葉片突然出現黑色斑點……。

有細微的黑色斑點，很可能只是葉片受到外力損傷。但若黑色斑點持續擴大，則有可能是黴菌作祟，誘發炭疽病，感染處要全部剪掉，避免影響整株盆栽。

在葉片上摸到絨毛異物。

極有可能是粉介殼蟲，把粉介殼蟲壓扁，會流出紅色液體，請立刻用沾溼的面紙擦拭葉片。

摸到結痂狀的異物凸起？

葉片上出現結痂狀的異物凸起，高機率是介殼蟲。要馬上用刷子驅趕蟲子。

葉片摸起來黏黏的。

介殼蟲在活動時會分泌黏液，所以當葉子出現黏液時，極可能是介殼蟲所致。如果觀察發現黏液範圍持續擴大，幾乎能確定是蟲害，要馬上用溼面紙擦掉黏液。

葉片太茂密，捨不得剪掉。

植物長得太茂盛，會降低光合作用和通風效率，進而影響健康，因此須適時修剪，讓葉片保持適當的空隙。

Q 為什麼植栽會出現落葉？

掉葉子的原因有很多，可對照本書的介紹來採取相對應的措施：

1. 日照不足（見四十一頁）。
2. 通風不良（見四十六頁）。
3. 水分不足（見六十八頁）。
4. 溫度或環境出現變化（見四十九頁）。
5. 新陳代謝（見九十九頁）。
6. 植物的根系爆盆（見一二一頁）。
7. 病蟲害（見一三一頁）。

由於植物落葉的實際原因難以明確判斷，建議帶植物找專門店做健康檢查。

關於枝幹

Q 枝幹過度生長，但瘦弱。

一般來說，很可能是植物徒長。尤其若日照不足，植物會為了爭取更多日照，而拚命延伸枝椏，連帶拉長葉片間距、葉子過度肥大等狀況。如果置之不理，瘦弱的枝椏會無法承擔枝葉重量，讓植株變得彎曲傾斜。

此外，環境通風不良，也會造成徒長，所以也可以從通風來改善。

Q 枝幹太長，可以剪掉嗎？

這種枝椏原本就是照護時的修剪目標。植物只要經過適度修剪，就能維持健康、延長壽命。

Q 修剪時，該從哪裡下手？

只要避開植物粗大的主幹，其他枝幹可依照顧者的喜好或需求來修剪，基本上都不會有問題。如果想塑造出漂亮美觀的樹形，則可以參考一六三頁至一六五頁提供的修剪技巧。

Q 枝幹或根系出現水爛，怎麼處理？

通常根部出現水爛，表示其已壞死。由於腐爛部分無法恢復，為了避免擴散到其他地方，請盡快剪除有問題的部分。並檢視澆水方式，避免再次出現該狀況。

Q 如果植物的枝幹傾斜？

當盆栽長到超出盆器可負擔的範圍時，要馬上修剪以避免傾倒。此外，植株會因土壤惡化，導致根部鬆動、傾倒。假設超過兩年沒換盆，可考慮更換，以維持植物健康。

關於土壤

Q 土壤表層出現黴菌。

雖說土壤表面的黴菌類生物，對植物健康幾乎沒有不良影響，但若不喜歡或覺得影響美觀，可直接動手移除。

Q 長出蕈菇怎麼辦？

植栽土壤表層出現的蕈菇類生物，對植物健康幾乎沒有不良影響，如果不喜歡或覺得影響美觀，可直接動手移除。

Q 土壤表層出現蠕動的蟲子。

很可能是會幫忙植栽翻土的益蟲（如跳蟲）。若不喜歡或覺得影響美觀，可讓土壤保持乾燥，以降低蟲子出現機率。

Q 盆栽周圍有小蟲在飛。

一般來說，出現在盆栽周圍的小蟲子，多半都是對植物健康無害的嫌惡小蟲，如果不喜歡或覺得影響美觀，可參考一三九頁、一四〇頁的處理方式。

Q 能用水耕栽培植物嗎？

通常使用水耕法來栽培植物，是基於衛生管理或便利等考量，但這種方法通常不屬於觀葉植物的原生環境，與本書推廣的照護植物觀念相背，因此我不建議使用。

其他問題

Q 長時間外出旅行時，如何安置家中的植物？

如果外出時間長達一週以上，建議採取以下措施：

1. 打開空調的送風功能，促進室內通風。
2. 為了避免植物過於乾燥，可將植物從窗邊或陽光直射處移開。
3. 可以在植栽底部多加一個水盆，避免植物缺乏水分（嚴冬時除外）。

Q 萬一忘了澆水，讓植物變成乾巴巴的，還有救嗎？

如果植物出現脫水狀況，有一種緊急處理方式叫「腰水」：在葉片上先噴大量的水，再用報紙等透氣紙材將植物整株包覆起來，最後把整棵植物連盆帶植株都放進注滿清水的容器中，浸泡數個小時。浸泡時容器的水位要高過植栽腰部。

如果經過這樣的緊急處置後，狀況仍沒有好轉，那我只能很遺憾的說，這棵植物大概沒希望了。

Q 觀葉植物會冬眠嗎？冬天澆水的方式跟其他季節一樣嗎？

有些多肉植物在冬季時，出現類似冬眠的休眠型態，但大部分的室內觀賞植物都不會冬眠，所以冬季的澆水方式，跟平常沒什麼不同。

只有一點要特別注意：室內溫度較低時，栽培用土的水分蒸散速度會變慢；室內溫度高時，栽培用土的水分蒸散速度會變快，所以須留意不同室溫條件下，要補充的水量並不同。

Q 觀葉植物可以放在廁所嗎？

我認為廁所不是照顧植物的好環境。因為廁所通常沒有對外窗，植物在通風不良的環境下很難存活。就算廁所有對外窗，因空間狹小、通風條件不算優秀，對其生存也是一種考驗。

Q 觀葉植物可以放在浴室裡嗎？

我認為浴室跟廁所一樣，不是照顧植物的好環境。因為浴室通常有溼度過高、冬季氣溫過低，以及會被熱水噴濺、澆淋等風險，其生存環境並不友善。

Q 為什麼盆栽放在房間裡某些位置，會變得特別不健康？

多半是該位置的通風有問題。因我們看不到風的流動狀況，很容易忽略一個空間裡的通風狀態，可以試著改善環境，看植物會不會有起色。

Q 雖然幫植物施肥了，但它看起來還是沒精神。

植物出現狀況，不一定是缺乏營養所致，如果不當施肥，也會造成傷害，請先判斷植物是否真有施肥的需求。

Q 植物開花了該怎麼辦？

大部分的植物在開花或結果時，都會耗費相當多的能量。所以如果觀賞的主體是植物本身，可在盆栽長出花苞時，就直接摘除花苞，讓它不會因為開花而虛弱。如果想要欣賞開花的風貌，記得在花凋謝後施肥以補充能量。

此時所使用的肥料稱為「花肥」，主要成分為氮與磷酸。

Q 原本用水耕種植的植物，可以改用土壤來種嗎？

雖然不是沒有成功的案例，但移植的過程中會產生相當高的風險。畢竟水耕植物，其根系已發展成「適合從水中吸收養分」的狀態，貿然將它移植到完全不同的環境來照顧，植物可能會適應不良，甚至因無法吸收養分而枯萎。

Q 為什麼市售盆栽的栽培用土幾乎不含腐植質？

富含營養成分的腐植質，會導致植物根系生長過於旺盛。為了減緩待售盆栽的成長速度，業者對於栽培用土成分會相當謹慎，所以也會盡量避免使用富含腐植質的栽培用土。一般市面上，店家待售植物的栽培用土，多半會使用透水性極佳的赤玉土，而植物不足的養分，則透過施肥來補充。

訪談

生活中最好的守護靈

「微生物群落」研究者

伊藤光平

園藝家（本書作者）

川原伸晃

一九九六年出生於日本山形縣鶴岡市，專職為「都市環境中微生物群落」的研究學者暨生物科技新創公司 BIOTA 負責人。從高中開始參與微生物體（microbiome）的相關研究，並在慶應義塾大學先端生命科學研究所（Institute for Advanced Biosciences）以「生物資訊學」（Bioinformatics）等方法，對都市的微生物環境進行研究。

畢業後成立 BIOTA，從事「以豐富生物多樣性為前提的城市設計」等相關顧問業務。二〇一八年入選日本富比士雜誌「30 UNDER 30 JAPAN」（三十名在三十歲以下，具有改變世界潛力的日本人）。

川原：我跟伊藤的緣分，是從日本科學未來館（簡稱未來館）的常設展「微生物無所不在」[1]開始的。伊藤是主要策展人，展覽中除了打造一座「真正」的景觀庭園，還用了各式各樣色彩，藉此傳達微生物多樣性等概念，相當引人注目。

伊藤：雖然未來館的每一塊展區空間，都規畫了不同主題，但館方給予策展人許多自由和彈性。所以我在一開始，就已經設定好這場展覽的呈現方式，希望能給參觀者多一點植物或土壤等

1 展覽主要聚焦在人類生活周遭的微生物生態圈，如居家、校園或公共空間與機構等環境，並著重「微生物與人類和諧共生」的未來生活樣貌。

實物的視覺與感官體驗，減少單調的圖片展示。

川原：這次邀請伊藤參與訪談的主要原因，是因我長期提供照護植物相關服務，每天跟植物相處，深刻體會到微生物多樣性對土壤環境與植物健康的影響有多巨大。

尤其我在園藝世家長大，職人常會告訴我相關知識，讓我大開眼界。例如「土壤有生命」，所以與土和植物共生的小蟲或微生物等，也是生態圈的一環，不需要特別消滅，而是以植栽可以健康茁壯的前提下，應想辦法與它們一起生存，但業界觀點卻跟我的認知有相當大的差異。

因此我想和研究微生物體的伊藤聊聊，藉此提升大眾對微生物的認知。我認為，植物照顧者應要正確看待微生物，並理解其重要性。

伊藤：雖然我研究的微生物，並不是特別針對植物相關領域，但微生物涵蓋的範圍本來就相當廣，且在環境條件類似的情境下，其活動也有許多共通性及一體適用的原則可以互相映證，如在人類口腔中或腸道中的微生物環境，能在自然界的某些地方找到共同點。不用怕微生物很難懂，透過這場訪談，相信可以用比較輕鬆的方式來了解。

一開始著迷的是電腦與數據分析

川原：話說回來，為什麼伊藤從高中起對微生物感興趣？

伊藤：其實我從國小一、二年級開始著迷電腦，進了國中，仍對電腦感興趣，甚至研究各種程式語言與運算，並自己動手組裝軟硬體等。

到了高中，因偶然參加一場說明會，當時主持說明會的研究所所長說：「所有學習的起點，都是先在過程中感受到極大樂趣後才開始的。所以我們一旦開始鑽研某領域，就會明白學習的意義何在，並賦予學習更強大的動機。」當時的我很抗拒既有的教育體制，因此，在聽完說明會後，我毅然決定跟隨這位所長，進入慶應義塾大學「先端生命科學研究所」參與研究。

川原：所長這句話說得真好。

伊藤：微生物存在於各種自然與非自然的環境中，無法被肉眼看見，因此傳統學術界對於微生物的研究，主要是利用培養、增加數量與觀察等方式。但我參與的研究，主要針對微生物產出的大量ＤＮＡ數據來進行分析，所以與其說是「研究微生物」，更像是「用電腦處理大量數據並分析」，這不僅是我的興趣所在，更是擅長領域。

但越是深入，從海量數據中，看見各種微生物遺傳基因序列的多樣性，我越覺得這些研究成果對人類有重要的貢獻，也漸漸感受到微生物有趣之處。雖然我曾研究人類皮膚或腸胃中的微生物，但進入大學後，我更關注微生物對人類社會的影響，例如微生物在戶外環境、地下鐵等公共空間及人體周圍的活動狀況等。

川原：具體來說，微生物有哪些有趣的地方呢？

伊藤：我認為，主要體現在兩個面向。一是，在一個微生物多樣性豐富的地方，各種微生物群落的繁衍與抑止，會自然趨向平衡，不會有哪一種特別活躍或貧乏；就算偶爾出現一、兩種對現況有負面影響的微生物，也會在它過度增生之前，就馬上被其他的壓抑，不至於讓傷害擴大到無法收拾。

這種趨於平衡的特性，不論在封閉住家環境或開放空間都一樣，當微生物種類越多，有害病原菌的濃度或數量就會越低。

但若多樣性不足就會失衡，導致某些菌種特別活躍，而另一些菌種則無法生存。如果這樣的狀況出現在人類身上，如腸道菌群失衡，就會產生各種疾病或是免疫力下降，導致病毒侵入時，人體沒有相對應的益菌來抵禦。同理，如果土壤內的微生物多樣性不足，植物就容易遭受病害。

二是，微生物對環境的認定方式，與人類有很大的不同。通常人會覺得，腸道、居家空間或戶外環境等，都是完全不同的領域概念。但以微生物的微觀視角來看，這些地方並沒有這麼明顯的區別，只要溫度、溼度等環境條件相似，待在沙漠中還是某宅內的鍋爐旁，對微生物來說並沒有什麼不同。研究者常在人類認為空間差異性極大的環境中，發現十分類似的微生物菌種。這種完全無視「人類的分類標準」的特性，正是我覺得微生物的另一個有趣之處。

假設用社會化的方式來理解多樣性，其實人類社會與文明的發展也是如此，接納更多不同的想法、包容相異的觀點，是人類得以發展的關鍵。

說個題外話，如果從「研究對象的數量與範圍」作為研究主題到底重不重要的標準，那研究微生物，可說是「最主流」的研究，畢竟微生物是地球上數量最多的生物。

川原：對呀！

微生物越多樣，對人類越有益

川原：在「微生物無所不在」展覽中，我對主題的理解是微生物多樣性，尤其展區關於「大自然環境中的微生物」與「人類都市生活環境中的微生物」的介紹與比較，更是讓人印象深刻。

伊藤：早期人類的發展與其他動物沒什麼不同，都是在大自然裡依靠豐富的自然資源生存，如土地或水源等，「專供人類使用」的人造物相對稀少。

但隨著文明演進與現代化發展，人類創造出越來越多「僅供人類使用」的東西，隔絕原本存在於土壤、水源及植物中的豐富微生物生態系。尤其土壤是地球上微生物活動最熱絡的地方，在遠離大自然後，人類生活中的微生物種類日漸貧乏。此外，在人造物或人工室內環境中，微生物不只數量稀少、種類也很有限，大多是與人類生物活動直接有關的微生物菌種。我們從一般居家空間與戶外的微生物種類和數量差異，即可發現此一現象。展覽中呈現的內容，主要想表達這個概念。

川原：大眾確實很難注意到這方面的差異。但微生物要越多樣越好，對人類生活有什麼實際或具體的影響嗎？

伊藤：微生物會影響人體免疫力，所以維持多樣，對人類最直接的好處就是提高免疫力與抑制傳染病。

從這點來看，我們發現在農村等微生物越豐富的地區，兒童罹患過敏性相關疾病的機率相對較低，就算患病，惡化速度或自體免疫能力等，都比微生物多樣性不足的都市兒童要來得好。

進一步分析兩者的生活環境，他們都在室內的遊戲或起居空間中活動，作息與活動類型也都非常相似。既然如此，為何免疫力會有差異？答案就在於多樣性。住家生態豐富，環境中的微生物數量與種類也會提升。

更具體的變因，可以從農村與都市的生活形態差異來發現，例如前者的建築物型態較為低矮，距離土壤或水源等環境較近，自然界中的微生物較容易與人類的生活空間產生交流。而後者的建築物型態則多為高樓大廈，又加上都市化導致自然環境退縮，微生物數量與種類也跟著降低。

如果不藉由擺設植物或收養寵物等方法來增加微生物多樣性，都市孩子幾乎沒什麼機會接觸多種微生物，增強自體免疫力。

抑制傳染病也是類似的概念。生活中的微生物多樣性偏低，如果遇到外來的有害病菌，卻沒有相對益菌可抵禦，就會讓傳染病變得更嚴重，這種現象對植物與土壤的病原菌蔓延來說也一樣。

所以使微生物更豐富，進而提高免疫力與抑制傳染病，我們可透過人為方式（如種植物或養寵物），在家中增加不同的微生物類型，避免環境中的微生物只侷限在與人類生物活動直接有關的菌種。這些微生物生態系都是息息相關。

川原：原來人的生活環境與居住空間，都會牽扯微生物多樣性！

伊藤：沒錯！就算在同一棟建築物中，住一樓還是十樓，微生物環境都有所差異，就連在同一個公園裡，小孩跟大人也會因身高，接觸到不同程度的微生物活動範圍。

健康新趨勢：從滅菌到加菌™

川原：這幾年因流行傳染病的緣故，眾人不斷強調消毒與殺菌，甚至擴散到社會層面，變成一種社交禮儀。

伊藤：我認為，這種現象最直接的影響是細菌抗藥性。我們過去通常會從微生物中提取某些特定成分，用來消滅另一種細菌或微生物，這類成分我們稱為「抗生素」。抗生素進入體內後，絕大部分的特定細菌或微生物會因其藥效而被消滅，但有極少數因基因等關係，不受抗生素影響而得以存活，這些倖存的細菌或微生物，就成為具有抗藥性的變種。一旦細菌或微生物的抗藥性越來越強，人類又找不到相對的滅菌方式，就可能導致一種新型態傳染病開始流行，直到人類開發出新的抗生素為止。

人類與病原菌的關係，就像是貓與老鼠宿命般的對決。

川原：確實如此，農藥也是類似狀況。

尤其對於農業相關從業人員來說，每天都要面對圍繞在植物身旁的各種害蟲或益蟲。而業界為了解決蟲害，每年都會研發新藥來抵禦蟲害，但原本對A蟲十分有效的B

藥，經過一段時間後效果大不如前，此時業界又會推出B藥的「升級版」，用來對抗已經具有抗藥性的A蟲。

從消費者的角度來看，確實能感受科技的進步，但於此同時，我們也憂心新藥的效果能持續多久，是否哪天會出現讓全世界都束手無策的蟲害。現在回顧農業與農藥的發展史，幾乎就是蟲害與抗藥性的戰爭史。

伊藤：一直以來，人們對於傳染病的解決對策都是「消滅」，消滅病原菌或移除（隔離）傳染源。但其實有另一種不同的思路，可作為抵禦病原菌的新選擇，而不至於進入剛剛說的惡性循環中，就是我所提出的「從滅菌轉變為加菌™」。

我在未來館的展覽中，提出了相關概念，希望能打造出一個「透過加菌來提升微生物多樣性」的生態系，讓細菌與微生物在這個生態系中，可以相互牽制，以達到自然平衡的狀態，而非一味的消滅與移除。

川原：也就是利用人為方式，來豐富微生物種類，讓微生物之間可以達到和平共處狀態。

伊藤：微生物越多樣，對人類越有好處，我相信對植物也是如此。如果其生長環境中，存在各種不同的細菌與微生物，對植物的免疫力與強健程度一定也有幫助。

川原：以我公司為例，通常會使用木醋液來保養植物，因為我曾聽說木醋液含有大量微生物，對植物很有幫助，現在想起來，應該就是伊藤說的加菌™效果。

而且木醋液是一種傳統的農業用藥，是把燒製木炭時所產生的煙與蒸氣，經過蒸餾與冷凝等方式轉化為液體，由於帶點煤煙味，聽說小蟲子不太喜歡。我不太清楚木醋液的科學原理，但每天都會使用三次為植物做保養，成效相當不錯！

照護植物，同時照顧了人類

川原：微生物多樣性不只影響植物健康，對人類的公共衛生也有幫助，兩者在此產生緊密的連結與交集，實在令人振奮。我一直以來都用園藝從業人員的身分思考這件事。為了照顧植物成長茁壯，所以關注微生物議題，但從來沒想過微生物不只對植物有幫助，竟然還能改善照顧者的健康與免疫力。

伊藤：感性一點來說，我們對植物付出關愛的同時，這份關愛也會回饋到自己身上。這就像日本傳統用來醃漬食物的米糠床，裡面富含讓食物發酵的微生物，透過定期攪拌來維持米糠床的活性，也可以與微生物產生一定程度的交流。

我們往後可用全新的角度來看待居家植物照護，這不只是簡單的興趣或嗜好，跟米糠床一樣，都能增加生活空間中微生物的多樣性。

川原：我在書中也傳達類似的概念。植物的壽命比人類更長，換句話說，一棵種植在家裡、代代相傳的景觀盆栽或植株，只要經過正確的照顧，從曾祖父、祖父一輩傳承百年來到自己手上，也不是難事。

當我們看著這棵植物時，除了想起「這是曾祖父照顧過的盆栽」外，如果用浪漫一點的角度來看，植物身上或許還留有祖先微生物的痕跡，而當時的微生物又與現在的我們交流，並產生對身體有益的影響，感覺上就像是某種新型態的「守護靈」。

伊藤：這種說法真有意思。也就是說，同樣的植物在不同環境的影響下，會出現不同的成長樣貌。而不同環境，包括過往累積的環境變化、過往照顧者的照顧方式等，幾乎可以說是承襲了這個家族、環境或照顧者的歷史。

就像許多用了很久的家中物品，在某種程度上也會留有當初使用的痕跡，記載當時人們的生活等，都有可能是我們對這些物品產生情感依戀的原因之一。

微生物多樣性，決定城市未來的樣貌

川原：伊藤除了從事微生物研究與相關的數據分析之外，也是 BIOTA 的負責人與實際經營者。BIOTA 是什麼公司呢？

伊藤：我們主要營業項目跟微生物多樣性密切相關。在不同環境中，微生物多樣性的平衡會產生相應的變化，而我們的工作就是用數據科學[2]，提出各種相關的設計建

---

2 Data Science，數據科學係指從海量的資料集（Dataset）中，探勘出有價值的資訊或解決問題所需的知識方法論。通常會使用統計學與資訊工程等方法，來同步解析。

議，如屋頂綠化等。

再者，我們公司的優勢在於可全面解析特定環境中的「生物基因組」[3]，包括室內與戶外、人體內外或動植物等，所以為了提高微生物多樣性，我們嘗試與建設公司或空調公司等進行合作，將解析結果作為新型態建築設計的參考依據。

川原：總之，就是以「與微生物和平共存」為出發點。

伊藤：為了維持微生物的豐富狀態，BIOTA 提出三大具體的行動方針。

首先，增加微生物的發生源，包括增加空間中的綠化程度等。

其次，將新微生物發生源，擴散到整個空間的微生物生態圈，這主要是藉由空調與室內設計等方法來進行。例如源自於人體的微生物，會因為陽光照射而減少，但植物與植物身上的微生物則需要陽光，所以我們必須根據研究結果，來安排窗戶與微生物發生源位置或篩選微生物的種類等。

最後一點，是根據豐富微生物多樣性，給出建築相關提案。我們希望能打造出與微生物共存的建築物，如選用不平整的建材來裝飾牆面，以加強微生物的吸附可能性等。

微生物多樣性納入基礎建設的考量

川原：我經營的專門店一直努力提高土壤內微生物多樣性。聽完伊藤的介紹，我認為室內的觀葉植物，對豐富居家生活的微生物來說，一定能產生相當的貢獻。

例如我們會把乳酸菌加到土壤中，就像人類喝優酪乳來促進腸道健康一樣，植物的根系發育會因為土壤添加乳酸菌而出現明顯不同。這證明了土壤不僅是植物賴以生存的基礎，更是微生物的發源地。由此來看，確實有必要打造微生物豐富的環境。

但另一方面，我們推廣這項概念時遇到一個瓶頸。因為就目前的市場主流來說，雖然坊間推崇要有機栽培植物，但他們總是強勢的排除微生物，並非與牠們和平共存。

其實戶外園藝或農耕的有機栽培技術已相當普遍與發達，大家會使用腐植質等有機物質來培育植物或農作物。且經過長時間的發展，不僅相關技術十分成功，也證明這樣

3 Genome，對生物基因組擁有的遺傳資訊，進行綜合性的數據分析。

的有機栽培方式，對植物或人都不會產生害處。

但同樣的場景轉到室內，卻有完全相反的觀感，許多市售的觀葉植物，為了強調不滋生微生物，反而以「選用不含腐植質的栽培用土」為賣點，而不顧植物真正的需求。但這就是現實的主流趨勢。

我只能期勉自己成為這種扭曲趨勢的對抗者。所以如果有人願意聲援或加入我們，我會非常開心的！

伊藤：不知這是植物的優勢或劣勢，從植物生理學的角度來看，植物確實能在無菌環境中生長，可用水耕來栽培、也可以用大量的人造光讓花草樹木進行光合作用、甚至能用人工方式來嚴格控制溫度，但這種栽培方式，只適合外太空或大量生產的栽培工廠，而且還需要投入可觀的能源耗用，才能滿足相關前提。

回到整體生態及永續發展，我認為生物相互依靠，自然取得平衡，是比較正面、積極且健康的做法。畢竟人沒有無盡的資源，來滿足各種生物需求。在現有自然條件下維持生物多樣性，不論動植物，都能在自然界中擔負各自的角色，維持環境所需，相對而言這是比較合理的方法。

理想境界並非一蹴可及，進展太快有時反而會帶來反效果，但只要有人願意採取行動，讓整個社會能逐漸意識到多樣性，對於地球上的所有生物來說都同等重要，當人們在沒有壓力、無意識的情況下，感受到「最近強調消毒跟滅菌的做法，好像過時了」，我們的推廣就更接近成功一步。哪怕得花五十年，只要能凝聚出這樣的共識就好了。

川原：我在照護植物的服務中，對顧客分享這些概念。顧客會找我們，多半是為了想讓植物活得更久、更好，還有一些是從長輩手中繼承了植物，擔心自己把植物養死……大家對於植物的愛，可以說是一致的。

因此我常說，希望植物活得好，就必須站在其角度，使用優質土壤，也就是富含腐植質的沃土。不能只因不喜歡小蟲或微生物，就隨便行事。我也會分享一些有利共生的小訣竅，如使用覆蓋法，在土壤表層加上一層覆蓋物，就可以隔絕不喜歡的小蟲。

除非真的出現害蟲傷害了植物，才要動手移除牠們。否則讓無害的小蟲靜靜的待在盆栽裡，也沒什麼不好。不一定非得要消滅土壤中的所有生物，眼不見為淨也是個好方法。至於其他微生物，幸好我們肉眼看不見，如果牠們的尺寸放大一百倍，那可就真的麻煩了！

伊藤：看不見才好！這樣我們就可把微生物納入各種生活的基礎建設一起考量了。其實我認為，多數人對生物認知很貧乏。舉例來說，我們可能只知道甲蟲，但卻從來沒想過，甲蟲一詞就包括了許多不同種類，更不用說光在一平方公分的空間中，微生物的數量高達數百種。

這也是我在未來館的策展初衷，讓大家透過「微生物無所不在」展覽，體悟到世上充滿著各式各樣的微生物，進而理解提高微生物多樣性有多麼重要。

身為研究者，我還是有很多不了解的地方。

例如，曾有學術論文研究指出，我們從地鐵站採集到微生物，有將近四〇％是至今仍無法辨識的物種。儘管如此，人類在這些未知的事物包圍下，健康幸福的度過每一天。不知道並不一定是壞事，重要的是，我們得先認知到自己還有很多事情不了解，並願意用開放的心去接納跟理解這一切。

所以面對不了解的事物，我會坦白的承認自己無知。雖然這種態度，有時候會不被其他人所認同就是了。

川原：尤其是在商務場合。

伊藤：研究者每天都被許多未知包圍，我們甚至可以說是為了這些未知而不斷努力。如果這種「實話實說」的研究者心態，也能被一般大眾所接受就好了。我認為這才是面對未知事物的務實態度。

川原：原來如此。今天的訪談十分有趣，再次感謝伊藤先生。

後記

照料盆栽，等於照顧自己

臨床心理師東畑開人在《只要存在著就好》深入探討關於照護（Care）與治療（Therapy）的差異。他認為，治療是以讓患者「能夠自理」為目標，幫助他接受自己的問題，並學會在面對傷病時，做出相應的調整與改變。照護則是透過外力滿足患者的需求，進而維持日常生活，並且讓患者有所依賴。

雖然這本書討論照護的對象是人類，但我認為相同的觀點也適用於植物領域。

植物本具有自理能力，但被人類從原生環境中挖出來，並移植到盆栽後，只能依賴人類的照護。

回收再生與照護的矛盾

我的店在推出「回收與再生」項目前，植物照護服務幾乎涵蓋了所有面向，但始終有一塊缺口無法填補——照顧者無法繼續照護植物時，能有人來幫助他，並且願意提供相關的配套服務。

人生總會遇到無法預料的狀況，例如轉職、住院、育兒或家中長輩需要照護等，當我們沒有辦法分心照顧植物或關注變得有限，與其任它自生自滅，應要有其他的選擇方案才是。在過往的諮詢服務中，我們經常會接到類似的問題，但當時的我們卻無法給予支援。

話說回來，既然植物照顧者願意承擔照護責任，那麼，推出回收與再生，豈不是與「承擔責任」背道而馳？因為該服務是回收、養護照顧者處理無法繼續照護的植物，使其再生之後重新販售，這麼做就像免除照顧者的責任。

這個問題困擾我許久，直到某天我從蘋果公司（Apple）獲得突破困境的靈感。

我長期使用 Mac 相關產品，所以我用過蘋果提供的各種支援服務，包括維修或回收等。多虧這些方案，讓我可以毫無心理負擔的把尚能正常運作的 MacBook 產品，放手交給蘋果，讓它們重新利用或交給下一位使用者繼續好好使用這些產品。對於永續發展來說，有必要創造一套可循環的經濟系統。而這也觸發我在植物及園藝的相關領域當中，推出類似循環服務的主要契機。

但如前文所說，回收植栽，是否與照護責任的本質產生矛盾？

後來，我在日本著名哲學家東浩紀的《觀光客的哲學》找到解答，從此不再迷惘。以下，我就用我自己的解讀來分享這段內容：

超越現代社會對立的解方，可能是觀光客心態。因為觀光客既不是當地村民，也不是沒有歸屬的流浪者，他們有自己歸屬的地方，又能以隨性的態度在當地漫步移動，所以能用超然、理性的態度，跟當地居民交流並產生新的連結。

這就像我們與植物的關係。不論是哪一手的照顧者，雖然都是以「讓植物好好活著」為目標，但「照顧特定一棵植物」並不是人生的全部，我們仍需要面對各種的難題。因此，在面對不得不的抉擇時，保有觀光客心態般的理性與超然，讓植物受到妥善的照顧，才是最好的選擇。

受到這本書的啟發，讓我能毫無疑惑的推出回收與再生。但該服務其實是創造出觀葉植物「二次銷售機會」，依照日本法規，我們必須取得舊物經營的許可執照。又由於這項服務是業界首創，因此在計畫之初，很難取得公部門的認同與許可，我們為此遭遇到許多預期之外的困難與考驗。

每株植物背後，都有故事

從提出申請到通過審核約莫兩年，我們終於獲得舊物經營的許可執照。有了確切的經營想法、法規上符合所有規定之後，我們在二〇二〇年，終於成功推出回收與再生。

過沒多久，就有一名年長女性使用這項服務。她的丈夫是園藝愛好者，所以在家裡養植超過二十多種觀葉植物。丈夫過世後，一直都是由這位客人細心照顧植物。如今她因種種考量，決定入住長照機構，無法繼續照顧這些植物。這時，剛好得知我們的服務，便決定前來尋求幫助。

還有一名年輕女性，也向我們提出協助需求。她與前男友曾一起照顧一棵小型榕樹盆栽，雖然最後她被對方拋棄，但她在分手後，仍持續照顧榕樹。然而，每當她看著這棵盆栽，都會回想起交往的時光而感到痛苦，但要丟掉，她又不忍心。後來她從朋友口中得知我們的店，盆栽這才有了一個好去處。

上述兩個案例都讓我印象深刻。至今都還記得她們在交接植物後流下的眼淚，而這也是我在二十多年的園藝生涯中，第一次感受到如此誠摯的感謝之情。「能推出這樣的服務，真是太棒了！」這些回饋讓我覺得這兩年來的努力，終於得到回報。

是誰被照護？

在不斷回應照顧者的需求時，我開始有了一種感覺。

雖然植物照護一詞正如同字面上的意義，是為了照顧植物而提供的服務，但面對回收與再生諮詢時，我卻能明顯感受到，這項服務真正照顧到的，不只是植物本身，還有這些照顧者。

哲學家廣井良典在《Care學，跨越邊界的關心》指出：透過照護，讓照顧者（或提供照護服務的人）從中獲得能量，進而得到滿足感，換言之，也就是「照護他人，同時照顧自己」，這是因為「提供照顧」與「獲得照顧」這兩者間，確實有著密不可分的關係。

以葬禮為例，表面上，人舉辦葬禮是用哀悼死者，但葬禮的實質內涵，是讓留下來的人們，有機會整理自己的情感並重新出發。換句話說，葬禮照顧的不只是往生者，還包括在世的親友遺族。

「植物善終關懷」服務也有相似的概念，透過將死去植物轉化為堆肥的過程，修復這些造成植物枯萎的照顧者們的心情。

植物依賴人類，激發人類想照顧它的想法；人類藉由植物的依賴，感覺自己被需要。對人類來說，與觀葉植物一起生活，也是一種互相照顧的共生關係。就像我們與所愛的人相擁時能療癒對方一樣，自己也能獲得療癒。

※為保護個人隱私，內文中所提及之案例以及相關照護者個資，均經作者改編。

謝詞

我要感謝全體員工。

畢竟在園藝產業的第一線耕耘，並不是輕鬆的事。我們經常遇到各式各樣的困難，如果沒有大家同心協力，只憑我自己，相信一定無法完成這些目標。

一路以來真的很感謝大家。

尤其是 REN 的店長山田聖貴，多虧你的大力協助，自開業以來，我們才能克服許多難關與考驗。此外，我也要感謝親愛的家人與家族長輩們，因為有大家的支持，我才能持續努力精進。

最後要感謝 Summark 出版社的栗原先生，感謝你的耐心，讓本書變得更加出色。

國家圖書館出版品預行編目（CIP）資料

盆栽急診室：葉子變黃、掉葉、病蟲害、換盆、修剪分枝，
百年園藝老店繼承人的綠手指養護祕笈。／川原伸晃著；方
嘉鈴譯 . -- 初版 . -- 臺北市：大是文化有限公司，2024.06
256 面 ; 14.8×21 公分 .--（Style：90）
譯自：プランツケア
ISBN 978-626-7448-50-2（平裝）

1. CST：盆栽　2. CST：園藝學

435.11　113005167

Style 090

盆栽急診室

葉子變黃、掉葉、病蟲害、換盆、修剪分枝，百年園藝老店繼承人的綠手指養護祕笈。

作　　者／川原伸晃
譯　　者／方嘉鈴
責任編輯／陳竑悳
校對編輯／宋方儀
副總編輯／顏惠君
總 編 輯／吳依瑋
發 行 人／徐仲秋
會計助理／李秀娟
會　　計／許鳳雪
版權主任／劉宗德
版權經理／郝麗珍
行銷企劃／徐千晴
業務助理／連玉
業務專員／馬絮盈、留婉茹
業務、行銷與網路書店總監／林裕安
總 經 理／陳絜吾

出 版 者／大是文化有限公司
臺北市衡陽路 7 號 8 樓
編輯部電話：（02）23757911
購書相關資訊請洽：（02）23757911 分機 122
24 小時讀者服務傳真：（02）23756999
讀者服務 E-mail：dscsms28@gmail.com
郵政劃撥帳號：19983366　戶名：大是文化有限公司

法律顧問／永然聯合法律事務所
香港發行／豐達出版發行有限公司
Rich Publishing & Distribution Ltd
香港柴灣永泰道 70 號柴灣工業城第 2 期 1805 室
Unit 1805, Ph.2, Chai Wan Ind City, 70 Wing Tai Rd, Chai Wan, Hong Kong
Tel：21726513　Fax：21724355
E-mail：cary@subseasy.com.hk

封面設計／孫永芳
內頁排版／邱介惠
印　　刷／章懋實業有限公司
出版日期／2024年6月初版
定　　價／新臺幣 460 元
I S B N ／ 978-626-7448-50-2
電子書 ISBN ／ 9786267448465（PDF）
9786267448472（EPUB）